高等职业教育课程改革系列教材 · 计算机专业

程序设计基础(C语言)

主　编　王　超　郭　静
副主编　张　亮　王万川
主　审　范爱华

扫码加入学习圈　轻松解决重难点

南京大学出版社

图书在版编目(CIP)数据

程序设计基础 ：C 语言 / 王超，郭静主编. — 南京：南京大学出版社，2023.1(2024.8 重印)

ISBN 978 - 7 - 305 - 26012 - 4

Ⅰ. ①程… Ⅱ. ①王… ②郭… Ⅲ. ①C 语言 - 程序设计 - 高等职业教育 - 教材 Ⅳ. ①TP312.8

中国版本图书馆 CIP 数据核字(2022)第 135816 号

出版发行　南京大学出版社

社　　址　南京市汉口路 22 号　　　邮　编　210093

书　　名　程序设计基础(C 语言)

CHENGXU SHEJI JICHU (C YUYAN)

主　　编　王　超　郭　静

责任编辑　吴　华　　　编辑热线　025 - 83596997

照　　排　南京南琳图文制作有限公司

印　　刷　南京新洲印刷有限公司

开　　本　787 mm×1092 mm　1/16　印张 14　字数 324 千

版　　次　2023 年 1 月第 1 版　2024 年 8 月第 2 次印刷

ISBN 978 - 7 - 305 - 26012 - 4

定　　价　38.00 元

网址：http://www.njupco.com

官方微博：http://weibo.com/njupco

微信服务号：njuyuexue

销售咨询热线：(025) 83594756

扫码教师可免费获取本书教学资源

前　言

C语言是面向过程的语言，至今为止依然是国内外广泛使用的一种计算机语言。C语言库函数很多，提供了大量的包括系统生成的函数和用户定义的函数。C语言编译速度快，编译器相比其他语言产生机器代码的速度快，同时优化了代码的执行速度。C语言易学，语法容易理解，它使用关键字如 if，else，switch，while，main 等，这类关键字和日常生活中所表达的意义是一致的。C语言可移植性强，在一台计算机上编写的C程序可以在任何计算机上运行，C程序代码不需做任何改动或只需稍加改动。同时C程序也能充当其他编程语言的“积木”，其基本原理适用于其他语言，可以为其他已知的语言构建模块。基于此，高校开设程序设计类课程的首选语言往往是C语言，特别对于理工科专业，学好C语言是后续各类编程语言学习的基础。

当然，C语言规则严、细节多，使不少读者在学习C语言时感到困难，要熟练掌握、灵活应用，有一定难度。很多读者在初学时都存在一个共同的问题：“听得懂、看得懂、不会编或错误多”。听得懂、看得懂的只是C语言基本的语法知识，不会编或错误多，一是没有彻底理解和掌握理论本身。二是对代码中涉及的一些算法和数据结构没有吃透。三是“纸上谈兵”的时间多，缺乏实践，学习编程是个实干的活，一定要自己动手，光说不练不行，不明白的地方，自己编个小程序实验一下是最好的方法，能给自己留下深刻的印象。四是缺乏良好的编程习惯，对比较复杂的代码要有注释，注意语句的嵌套不能过长等都是在平时学习和编程过程中需要注意的点。做好以上几点，相信初学者能够很快度过瓶颈期，体会到编程带来的快乐和自豪感。

本书主要适用于C语言初学者基础理论的学习、理解、归纳、总结，通过本书学习，初学者可以掌握C语言的基本语法和基础知识要点，掌握学习C语言（以及同类编程语言）的方法和要领。本书针对程序设计基础课程而编写，不依赖于任何一本具体的C语言教材。根据由浅入深、循序渐进、逐步提高的知识逻辑层次，全书内容共分为10章。第1、2章，主要介绍程序设计的概念和方法、开发环境的搭建、算法的概述、描述及特征等。第3、4、5章，主要介绍程序设计的三种基本结构。第6、7章，主要介绍函数和数组。第8、9、10章，主要介绍指针、结构体和共用体以及文件的相关操作。全书章节使用高校读者接触较多的一卡通管理前后贯通，由浅入深引导读者学习掌握。

由于作者水平有限，书中难免存在不足之处，恳请读者批评指正（请发送邮件到 wangc@ypi.edu.cn），感谢为先。

编　者

2022年11月

目 录

第1章 C语言概述

1.1 程序设计的概念和方法

1.1.1 程序设计的概念

什么是程序？这可以从日常生活中得到启发。例如，学校元旦联欢晚会的节目单就是一个程序：首先介绍主持人，然后是一个序曲……零点是迎接新年到来的钟声，再回到计算机解题的问题上来，计算机只能按照人的命令去工作，它不可能自由发挥、自行其是。简单地说，人们为解决某一问题对计算机发出的一连串命令就是程序。事实上，计算机程序的操作对象是数据，操作的目的是对数据进行加工处理，以得到所要的结果。对于数据，不同的组织结构有不一样的操作步骤(算法)，另外用计算机解题还要借助一定的程序设计方法和程序设计语言。

1.1.2 程序设计的语言

程序设计语言是程序设计人员和计算机进行信息交流的工具。它遵循一定的规则和形式，程序设计要在一定的程序设计语言环境下进行。

设计程序设计语言的一个基本前提是：既要让计算机能够识别处理，又要让程序设计人员感到方便。

从计算机的诞生之日起，程序设计语言一直在不断地发展。

1. 机器语言

机器语言是以计算机硬件能直接识别和执行的指令系统(二进制代码的形式)为基础而形成的语言，它与计算机硬件紧密相关，不同的硬件系统有不同的机器语言。

用机器语言编写的程序称为机器语言程序。机器语言可以直接对硬件编程，编写的程序占用资源少、运行速度快、效率高，但编写难、调试难，不易查错、不易理解，只能被少数专业人员掌握。

机器语言除用于编写计算机最底层的核心系统程序外，实际应用中很少直接使用。

2. 汇编语言

随着计算机的发展，20 世纪 50 年代人们开始用汇编语言编写程序。汇编语言是一种符号化的机器语言,即用助记符代替机器语言的二进制代码。助记符号一般就是英语单词的缩写,方便了人们的书写、阅读和检查。

用汇编语言编程,程序的编写效率和质量都得到了提高。用汇编语言编写的程序称为汇编语言源程序,汇编语言源程序在计算机中不能直接运行,必须通过一个翻译软件将源程序翻译成相应的目标代码程序才能运行。

用汇编语言编程能够直接利用计算机的硬件系统的特性,能将计算机的功能全面提供给程序设计者。但它涉及计算机底层硬件,学习内容枯燥,记忆东西繁多,给计算机的普及推广造成很大障碍。

机器语言和汇编语言都属于低级语言。

3. 高级语言

高级语言是用接近自然语言和数学公式的形式编程的计算机语言。它脱离了机器的硬件系统,用人们易于理解的方式编写程序,所以说高级语言是面向科学计算和实际问题的语言。

排名	编程语言	流行度	对比上月
1	C	16.21%	∨ 0.74%
2	Python	12.12%	∧ 0.84%
3	Java	11.68%	∨ 0.88%
4	C++	7.60%	∧ 0.66%
5	C#	4.67%	∧ 0.51%
6	Visual Basic	4.01%	∧ 0.04%
7	JavaScript	2.03%	∨ 0.11%
8	PHP	1.79%	∨ 0.3%
9	R	1.64%	∨ 0.35%
10	SQL	1.54%	∨ 0.03%

图 1-1 编程语言排行榜

高级语言必须翻译成机器语言才能被计算机所接受和执行。由于高级语言需要向翻译程序提供更多的附加信息,将占用更大的存储空间及花费更多的执行时间,其运行效率比直接面向机器的汇编语言要低得多。

使用高级语言编写的程序(称为源程序)可以适用于不同的计算机,或者说,对不同的计算机具有通用性。用某一种高级语言编写的源程序几乎可以不加修改就能使用在不同的计算机上,这给使用者带来很大的方便。

目前流行的C、C++、Java,Python等编程语言都是高级语言,图1-1显示了2020年11月TIOBE编程语言排行榜排名前10的语言,可以看到,除了SQL是用于数据库的结构化查询语言之外,其他语言均为高级语言。

1.1.3　C 语言简介

本书主要介绍 C 语言的程序设计方法，在学习语法之前，有必要对 C 语言的发展历史做一个简单的介绍。

C 语言是美国贝尔实验室的丹尼斯·里奇（Dennis Ritchie）于 20 世纪 70 年代设计的一种高级程序设计语言，他设计 C 语言的主要目的是为了更好地开发 UNIX 操作系统。之所以取名为 C 语言，是因为 Dennis Ritchie 在当时已有的 B 语言的基础上开发出这一程序设计语言的，B 语言的开发者也是贝尔实验室的科学家，名叫肯·汤普逊（Ken Thompson），因此，肯·汤普逊和丹尼斯·里奇被同时公认为是 C 编程语言的共同开发者。

图 1－2　肯·汤普逊（左）和丹尼斯·里奇（右）

C 语言问世后，作者免费发布，提供给其他计算机专业人员使用，由于它较强的灵活性，程序设计人员能够用它直接操纵 CPU 寄存器和内存单元，具有低级语言面向机器的一些特征，用 C 语言编写的程序运行速度几乎与汇编语言相当，远高于当时已有的其他高级语言，而且便于在不同的系统之间互相移植，加上 C 语言的学习难度远远小于传统的汇编语言，这些优点使 C 语言一下风靡了整个业界，成为最受欢迎的高级程序设计语言，这一趋势一直延续到今天。虽然 Java 等新生代的编程语言层出不穷，但 C 语言的地位一直无法被取代，对于所有今后有志从事计算机编程行业的同学来说，C 语言是必须掌握的第一门编程语言。

在 1982 年，很多有识之士和美国国家标准协会（ANSI）为了使这个语言健康地发展下去，决定成立 C 标准委员会，建立 C 语言的标准。委员会由硬件厂商、编译器及其他软件工具生产商、软件设计师、顾问、学术界人士、C 语言作者和应用程序员组成。1989 年，ANSI 发布了第一个完整的 C 语言标准——ANSI X3.159—1989，简称“C89”，不过人们也习惯称其为“ANSI C”。C89 在 1990 年被国际标准组织 ISO（International Organization for Standardization）一字不改地采纳，ISO 官方给予的名称为：ISO/IEC 9899：1990，所以 ISO/IEC 9899：1990 也通常被简称为“C90”。1999 年，在做了一些必要的修正和完善后，ISO 发布了新的 C 语言标准，命名为 ISO/IEC 9899：1999，简称“C99”。在 2011 年 12

月8日,ISO又正式发布了新的标准,称为ISO/IEC 9899:2011,简称为"C11"。

C语言是结构化和模块化的语言,它是面向过程的。在处理较小规模的程序时,程序员用C语言还比较得心应手。但是当问题较复杂、程序规模较大(程序代码达到25000至100000行)时,结构化程序设计方法就显出它的不足。

C++是C的扩充版本。C++对C的扩充首先是由美国贝尔实验室的Bjarne Stroustrup于1980年提出的。他开始把这种新的语言叫作"含类的C",到1983年才改名为C++。C++保留了C语言原有的所有优点,增加了面向对象的机制。

C++是由C发展而来的,与C兼容。用C语言写的程序可以几乎不加修改地用于C++。C++既可用于面向过程的结构化程序设计,又可用于面向对象的程序设计,是一种功能强大的混合型的程序设计语言。在本教材中,并不涉及C++相关内容,感兴趣的读者在学完本书后,可以参考其他C++的教材继续学习。

1.1.4 程序设计的方法

1. 面向过程的结构化程序设计方法

在面向过程的程序设计中,程序设计者必须指定计算机执行的具体步骤,程序设计者不仅要考虑程序"做什么",还要解决"怎么做"的问题。

结构化程序设计的一个显著特征是程序和数据的分离。这种语言能够把执行某个特殊任务的指令和所有数据信息与程序的其余部分分离开并隐藏起来。获得隔离的一个方法是调用使用局部变量的函数。通过使用局部变量,编程者能够写出对程序其他部分没有副作用的函数。这使得编写共享代码段的C程序变得十分简单。如果开发了一些分离得很好的函数,在引用时仅需知道函数做什么,而不必知道它如何去做。

结构化程序设计方法的应用使得复杂性适度的程序的编写变得容易。但是,一旦设计达到一定的程度,即使使用结构化的程序设计方法也会变得无法控制,它的复杂性已经超出程序员的管理限度。

2. 面向对象的程序设计方法

面向对象的程序设计吸取了结构化程序设计的先进思想,并把它们同几个支持用户用新方法进行程序设计的有关概念结合在一起。一般地讲,在用面向对象的方式进行程序设计时,都先把问题分为由相关部分组成的组,每一部分考虑和组相关的代码和数据,同时,把这些分组按层次关系组织起来,最后,把这些分组转换为叫作对象的独立单元。程序设计者的任务包括两个方面:一是设计所需的类和对象,即决定把哪些数据的操作封装在一起;二是考虑怎样向有关对象发送消息,以完成所需的任务。

1.2 开发环境搭建

1.2.1 主流开发工具介绍

C语言只是一种编程语言,要用这种编程语言来开发程序,还需要选择合适的开发工具软件。在不同操作系统下，能够开发 C 程序的开发工具很多，上文提到过，C 语言是 C++ 的子集，因此，绝大多数开发工具都是针对 C++ 开发的，但是用这些开发工具也完全能兼容 C 语言的开发。在 Windows 平台上，最著名的 C++ 开发工具是微软公司出品的 Visual Studio 系列软件，其功能十分强大，但是对初学者来说，Visual Studio 系列软件的下载、安装和配置均存在一定难度。Dev C++ 也是 Windows 平台上常用的一款免费开源的 C/C++ 开发工具，其优点是体积小，安装包只有几十兆大小、安装卸载都非常方便、学习成本低，因此，推荐初学者使用 Dev C++ 作为 C 语言入门的开发工具。另外，如果有读者使用的是 Linux 或者 Mac 系列操作系统，可以选择使用 GCC 编译器搭配 Vim 或 Sublime 等文本编辑软件来开发 C 语言程序，也可以使用微软跨平台的 VS Code 编辑器加下载 C++ 开发插件的方式来开发。

1.2.2　Dev C++的安装配置

本教材使用 Windows 操作系统，选择 Dev C++ 作为开发工具，所有的例题代码均在 Dev C++ 中调试通过。本节简要地讲解 Dev C++ 的下载、安装和配置。目前稳定版 Dev C++ 5.11 简体中文版可以从腾讯软件中心下载，地址为 https://pc.qq.com/detail/16/detail_163136.html，下载完成后会得到一个.exe 格式的安装包，双击该文件即可开始安装。首先加载安装程序，大概几十秒即可解压到 100%，如图 1－3 所示。

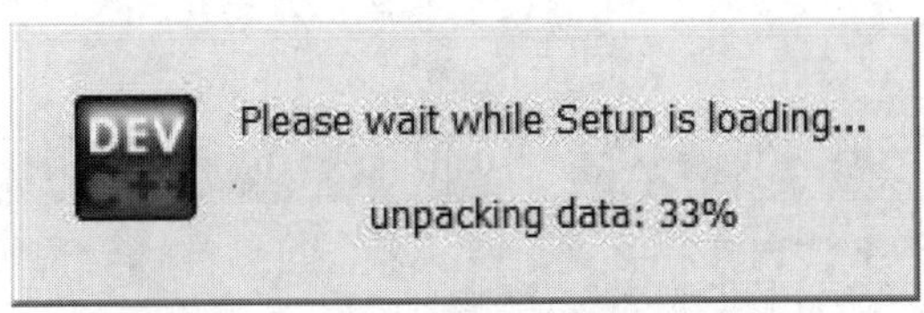

图 1－3　解压安装包

解压完成后会自动进入安装界面，Dev C++ 运行时界面支持多国语言，包括简体中文，但是安装程序并不支持中文，因此，这里我们选择英语进行安装，如图 1－4 所示。

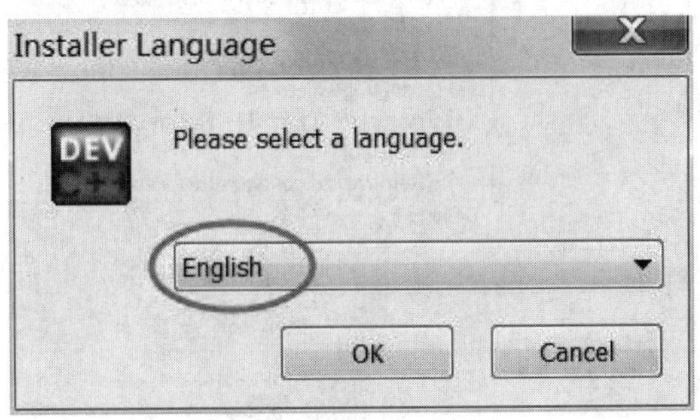

图 1－4　选择英语安装

下一步必须点击“I Agree”同意各项条款后才能继续安装，如图 1－5 所示。

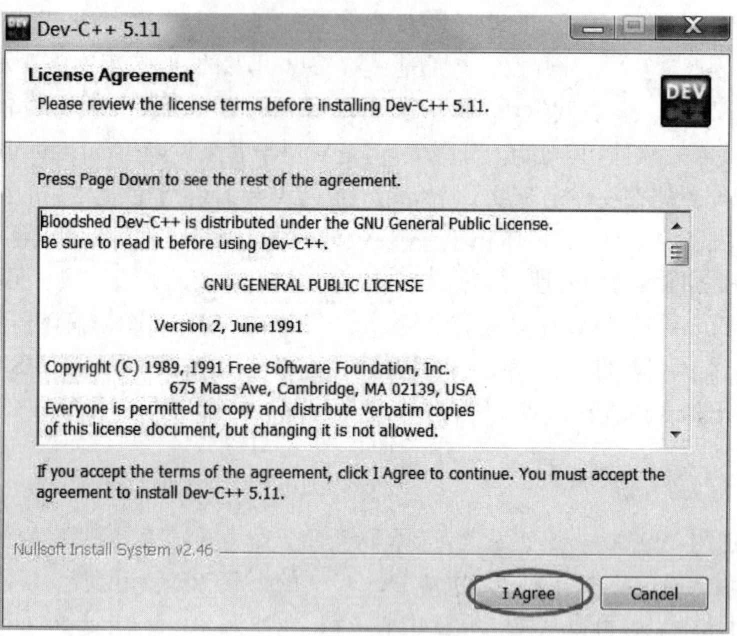

图 1-5 同意安装条款

接下来需要选择安装的组件，作为初学者，选择 Full 默认全部安装即可，如图 1-6 所示。

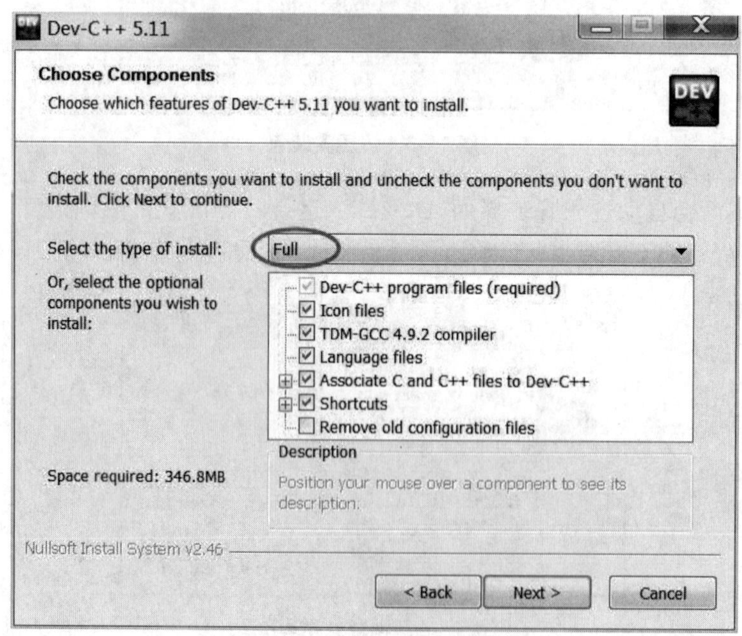

图 1-6 默认安装全部功能

点击 Next 后，将进入选择安装路径的界面，Dev C++ 可以安装到任意位置，但安装路径中最好不要有中文字符，如图 1-7 所示。

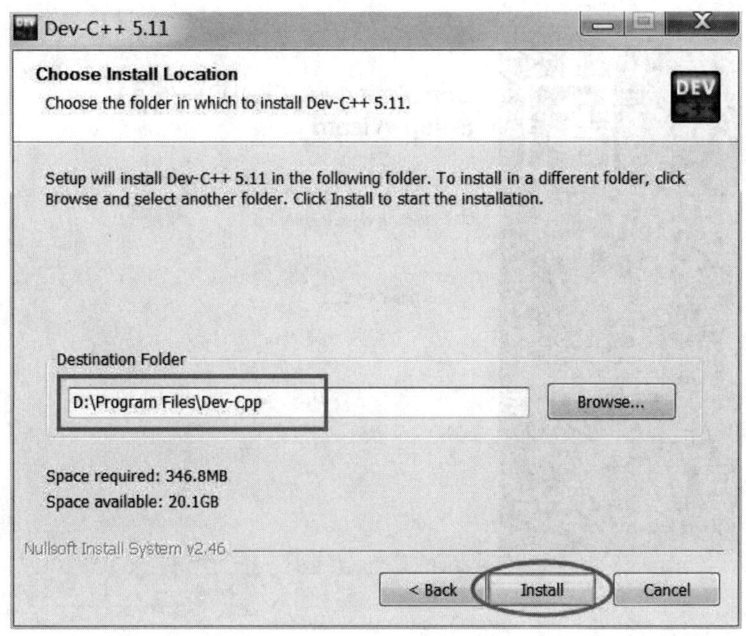

图 1－7　选择安装路径

点击 Install 按钮，即会进入正式安装界面，如图 1－8 所示。

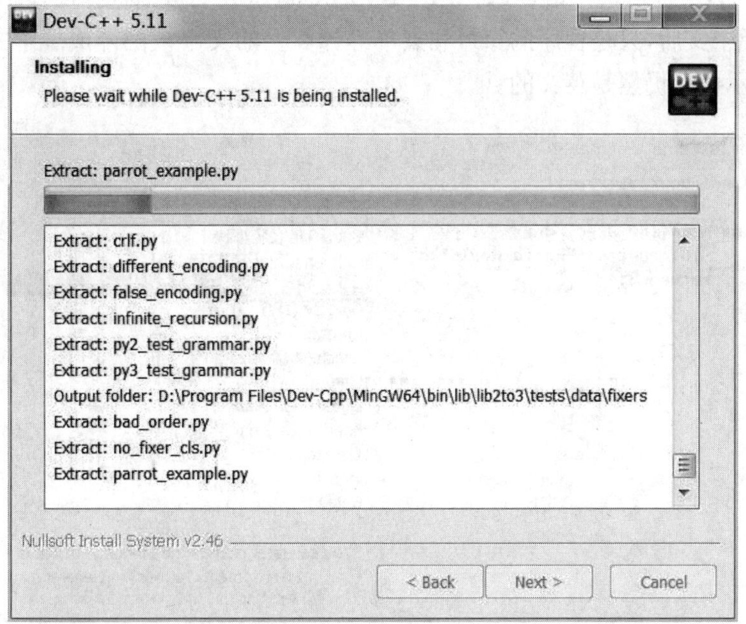

图 1－8　安装过程

安装完成后，进入图 1－9 界面，点击 Finish 按钮完成安装。

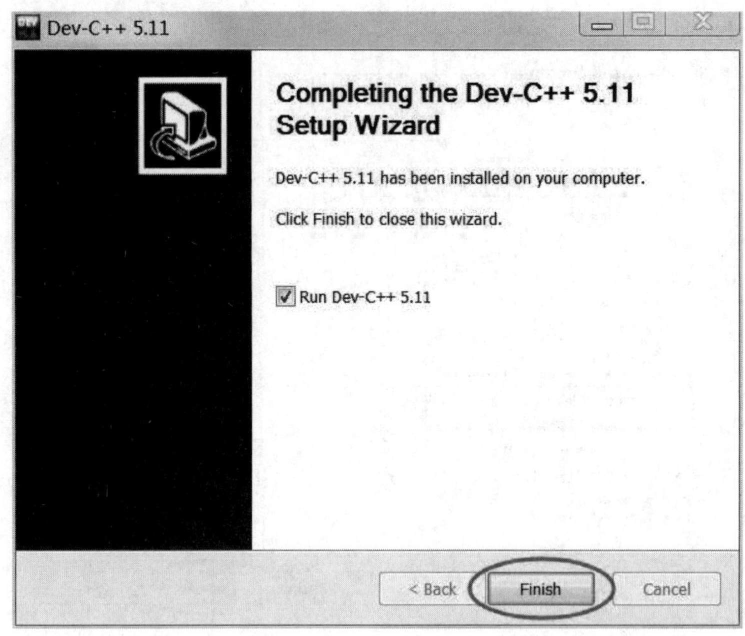

图 1-9 安装完成

首次使用 Dev C++还需要简单地配置,包括设置语言、字体和主题风格等,第一次启动 Dev C++后,会提示选择语言,如图 1-10 所示,这里我们可以选择简体中文。需要注意的是,选择中文后,只是程序的窗口和菜单等界面上的文字被翻译成了中文,编译程序时所有的提示信息仍然是英文的。

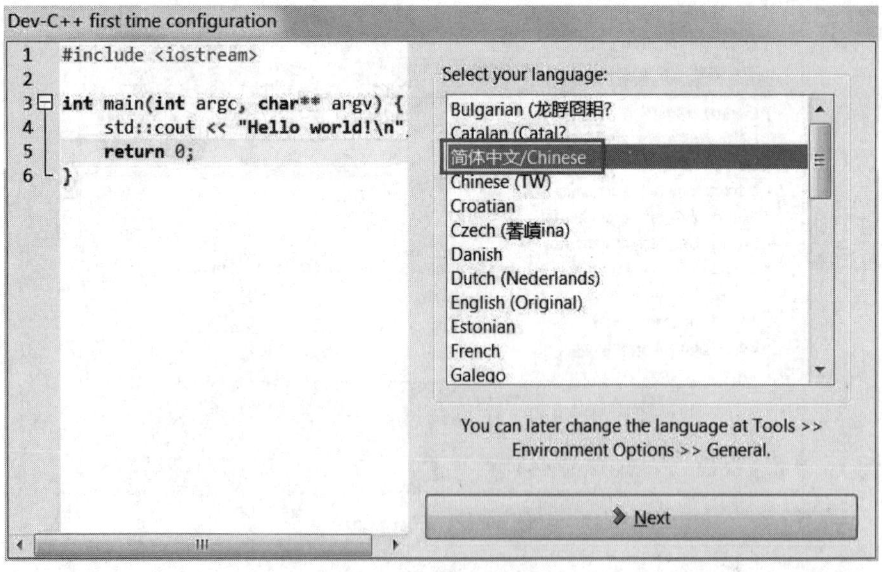

图 1-10 设置中文语言

接下来需要选择字体和主题风格,如图 1-11 所示。

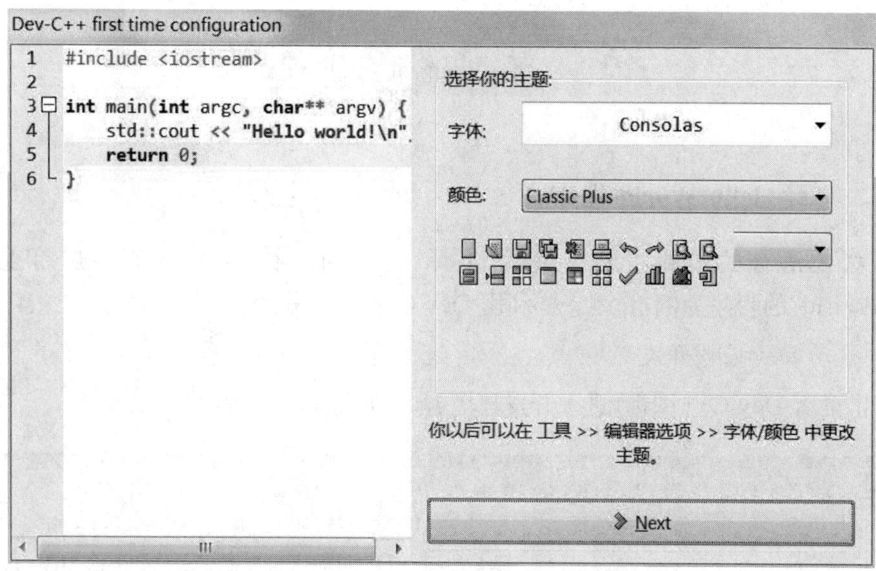

图 1－11　设置主题和风格

设置成功后，进入图 1－12 所示界面，提示设置成功，点击 OK 按钮，即可进入 Dev C++ 主界面开始编写代码了。

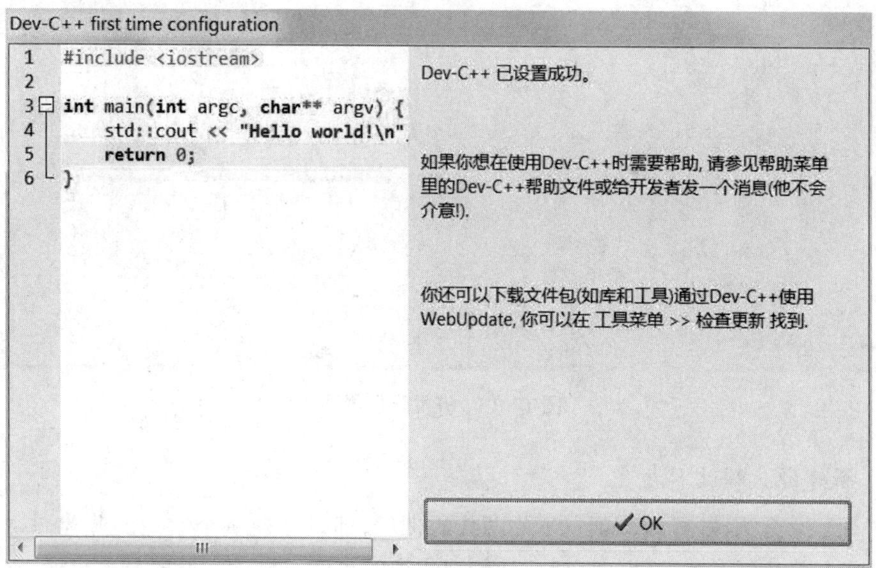

图 1－12　设置成功界面

1.3 一起写出第一个程序

1.3.1 编写 Hello World 程序

开发 C 语言的步骤主要有编辑、编译、链接和运行，下面先以在屏幕上输出“HelloWorld”的程序为例，介绍怎样利用 Dev C++ 来编写程序。

1. 启动 Dev C++ 开发环境

双击桌面 Dev C++ 图标，进入开发环境窗口，如图 1－13 所示。

图 1－13 开发环境界面

2. 新建源代码文件

点击文件菜单，选择新建项目下的源代码选项，即可新建一个空白的源代码文件，也可直接单击工具栏上最左侧的新建按钮创建空白的源代码文件。此时软件界面上会出现一个可输入的未命名的空白源代码文件，如图 1－14 所示。

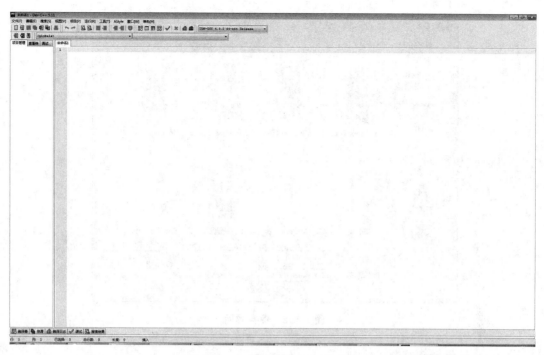

图1-14　新建源代码文件界面

3. 编辑源程序

在空白源代码文件中输入以下代码：

```
#include <stdio.h>
int main()
{
    printf("Hello,World!\n");
    return 0;
}
```

输入完毕后，点击文件菜单中的保存选项，或者直接点击工具栏上的保存按钮，选择硬盘上合适的位置，将尚未命名的源代码文件进行命名和保存，如图1-15所示，需要注意的是，重命名时不要改变扩展名.cpp。

图 1-15　保存界面

4. 编译运行程序

点击运行菜单中的编译选项,也可以直接点击工具栏上的编译按钮,即可对源代码进行编译,如果源代码尚未保存就直接点击编译,此时也会弹出如图 1-15 所示的保存对话框,只有先保存后才能进行编译。如果源代码没有语法错误,在下方编译日志窗口中将出现如图 1-16 所示错误为 0 的编译结果,此时源代码文件已经被成功编译和链接为计算机 Windows 系统可以执行的.exe 格式文件。需要注意的是,这里没有错误,只是指程序代码没有语法错误,程序运行时结果是否正确,还要看程序有没有逻辑上的错误。

图 1-16　编译界面

如果程序代码中有语法错误,将出现如图 1-17 所示的界面,在下方窗口中将显示具体的错误信息,在代码中,将在错误的位置标红,需要注意的是标红的位置不一定就是需要修改的地方,需要根据下方具体的错误信息,找出真正导致出错的代码进行修改,修改后重新编译,直到没有错误为止。

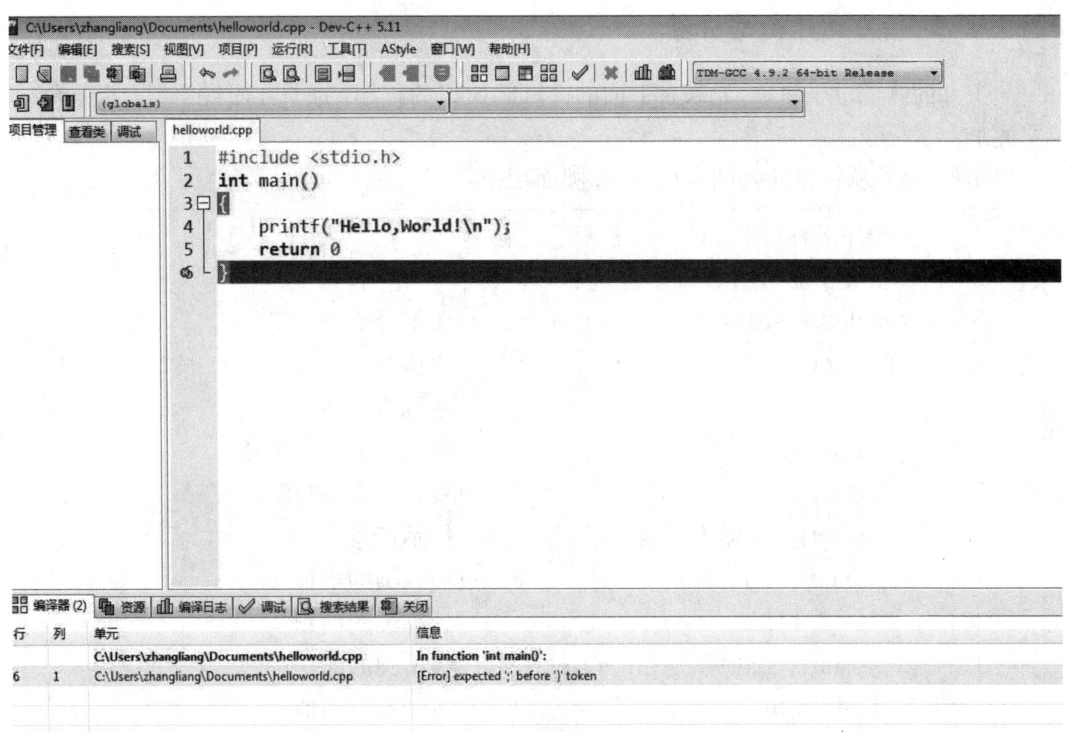

图 1-17　编译出错界面

编译成功后，点击运行菜单中的运行选项，或者直接点击工具栏上的运行按钮，即可弹出运行窗口，如图 1-18 所示。

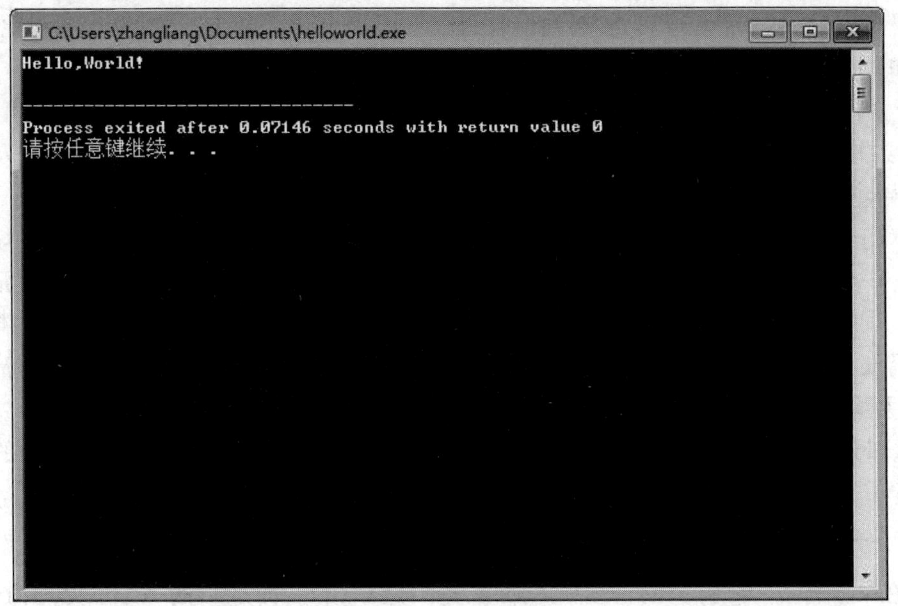

图 1-18　运行界面

1.3.2 C语言程序构成介绍

上面的例子过于简单,先来看下面的计算圆面积的程序,为了方便说明,程序清单的左侧加注了行号。

示例代码:从键盘输入圆半径,计算圆面积。

```
1   //程序名称:例1.1
2   //主要功能:计算圆面积
3   #include<stdio.h>                 //预编译命令
4   int main()                        //主函数
5   {                                 //主函数开始
6       float r;                      //变量r是圆的半径
7       float s;                      //变量s是圆的面积
8       printf("请输入圆的半径:");     //提示信息
9       scanf("%f",&r);               //输入圆的半径
10      s=3.14159*r*r;                //计算圆的面积
11      printf("圆面积是%f\n",s);      //输出圆的面积
12      return 0;                     //主函数返回值
13  }                                 //主函数结束
```

1. 程序说明部分与注释

编程序的目的一是为了解决实际问题,二是为了交流,能尽快让别人读懂是非常重要的事情。在读程序时,先看程序说明。本程序的说明有两项:程序名称与程序主要功能,在源程序清单中占前两行,它们起到说明的作用,不属于计算机要操作的内容,因此,在每一行的前面冠以注释符号"//"。

注释是非常重要的一种机制。在一个可供实际应用的程序中,为提高程序的可读性,不仅要在程序开头以注释的形式给程序加说明部分,而且要给程序中的重要语句及变量加注释,没有注释的程序不能算是合格的程序。

对于初学者,最好每条语句都加上注释,注明语句在本程序中的作用。C语言规定用"/*……*/"形式来注释,C++除了可以用"/*……*/"形式外,还允许使用以"//"开头的注释。如果在一行中出现"//",则从它开始到本行末尾之间的全部内容都作为注释。注释只是给人看的,而不是让计算机操作的。注释是源程序的一部分,在输出源程序清单时全部注释会按原样输出,以便读者更好地理解程序。但是在对程序编译时将忽略注释部分,这部分内容不转换成目标代码,因此,对运行不起作用。注释可以加在程序中的任何位置。

2. 预编译命令

在第3行以"#"开头的是预编译命令,这不是C语句,而是C的一个预处理命令,它以"#"开头以示与C语句的区别,并且行的末尾没有分号。"#include<stdio.h>"是一个"包含命令",它的作用是将头(header)文件"stdio.h"的内容包含到该命令所在的程序

文件中，代替该命令行。"stdio.h"是标准输入输出流文件，由系统提供，C 程序中只要使用输入输出功能，就必须包含这个头文件。

3. 主函数

从第 4 行到第 13 行是主函数。主函数是由 main()标识的，每一个程序都有且只能有一个 main 函数。main()前面的 int 是说明主函数的返回值为整型，也就是整数。函数返回值的具体含义，后面将有专门章节进行介绍。

函数体是由大括号"{ }"括起来的部分。函数体包含两个部分：前面是声明部分，后面是执行部分。按 C 语言规定，声明在前执行在后。

本例中，第 6、7 行声明了两项内容：

(1) 变量 r 是圆的半径，在其前的 float 是该变量所取的数据类型。

(2) 变量 s 是圆的面积。

声明部分之后是执行部分：

(1) 第 8 行是让屏幕显示提示信息，告诉使用者准备从键盘输入圆的半径。这条语句用 printf 函数进行输出。

(2) 第 9 行是用 scanf 函数将键盘输入的数赋给变量 r。

(3) 第 10 行是赋值语句，由它来计算圆面积并且赋给变量 s。

(4) 第 11 行是输出语句，将圆面积显示在屏幕上。

(5) 第 12 行是主函数的返回值语句，return 0 表示当前主函数返回整数 0，返回值语句一般情况下必须放在主函数的最后，一旦执行 return 语句后，主函数将结束运行。

(6) 第 5 行与第 13 行所包含的一对大括号是主函数 main()所必需的，被一对大括号所包含的语句，就是主函数的内容。

不论 main 函数在整个程序中的位置如何(对多函数的程序，main 函数可以放在程序最前头，也可以放在程序最后，或在一些函数之前，在另一些函数之后)，一个 C 程序总是从 main 函数开始执行的。

1.4 【章节案例一】我的一卡通封面

【案例描述】

每个同学都有自己的校园一卡通，在一卡通的封面上有姓名、账号、注意事项等信息，请编程打印自己的一卡通封面。

【案例分析】

可以模仿打印 HelloWorld 的案例代码，用 printf 语句打印自己的班级和姓名即可，多行语句之间用"\n"来控制换行。

【案例代码】

```
#include<stdio.h>
int main()
{
    printf("扬州工业职业技术学院校园一卡通\n");
    printf("姓名:王珂\n");
    printf("班级:1502计算机\n");
    return 0;
}
```

【案例运行】

```
扬州工业职业技术学院校园一卡通
姓名：王珂
班级：1502计算机
```

开动脑筋想一想

你的校园一卡通登录系统后，展示的基本信息还有哪些？请你编程输出更多一卡通信息。

1.5 习 题

1. 什么是程序设计？程序设计语言经历了哪几次升级换代？程序设计的方法可分为哪两类？

2. 一个C/C++的程序是由哪几部分构成的？其中的每一部分起什么作用？

3. 从接到一个任务到得出最终结果，一般要经历哪几个步骤？

4. 分别编写程序实现下列计算：

(1) 求长方形的面积 $s=ab$(输入边长 a 和 b，输出面积 s)。

(2) 求梯形的面积 $s=\frac{1}{2}(a+b)h$(输入上底 a、下底 b、高 h，输出面积 s)。

要求在计算过程中掌握本章内容，包括建立工程、建立文件、编译连接通过，得出正确结果。

第2章 算法

2.1 算法概述

一般认为只有“计算”的问题才有算法。实际上广义地说，为解决一个问题而采取的方法和步骤，都可以称为“算法”。

做任何事情都有一个特定的步骤，这个步骤就是“算法”。例如，你要买计算机，先要选好货物，然后开票、付款、拿发票、取货、乘车回家，这段过程就是买计算机的“算法”。要考大学，首先要填报名单，然后交报名费、拿到准考证、按时参加考试，考试通过后得到录取通知书，最后到指定学校报到注册等，这段过程就是考大学的“算法”。一首歌曲的乐谱，也可以称为该歌曲的算法，因为它指定了演奏该歌曲的每一个步骤，按照它的规定就能演奏出预定的曲子。从事各种工作和活动，都必须事先想好进行的步骤，然后按部就班地进行，才能避免出错。

本书所关心的当然只限于计算机算法，即计算机所能执行的算法。例如，让计算机求解一个一元二次方程的解，或将 50 个学生的成绩按高低分的次序排列等，这是计算机可以做到的，而指定计算机“去买一包香烟”，计算机是无法实现的(至少目前如此)。

2.2 算法的描述

为了表示一个算法，可以采用不同的方法。常用的算法描述有自然语言、传统流程图、结构化流程图、伪代码、计算机语言等。

2.2.1 自然语言

自然语言就是人们日常使用的语言，可以是汉语、英语或其他语言。自然语言表示的算法通俗易懂，但文字冗长，容易出现“歧义性”(即对同一段文字，不同的人会有不同的理解)。例如：“张三对李四说他的儿子找到工作了”。究竟指的是张三的儿子还是李四的儿子呢？从这段文字中难以确定。因此，除了很简单的问题以外，一般不用自然语言描述算法。

2.2.2 流程图

流程图是用一些图框表示各种操作。用图形表示算法,直观形象,易于理解。ANSI(美国国家标准化协会)规定了一些常用的流程图符号(见图2-1),已为世界各国程序开发工作者普遍采用。

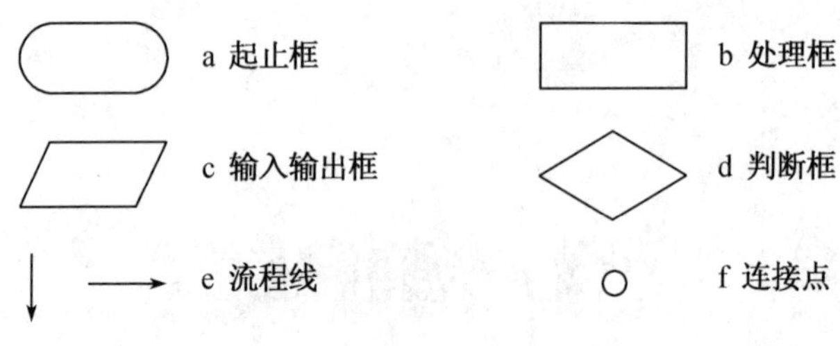

图2-1 常用的流程图符号

图2-1中,a是“起止框”,表示算法的开始和结束。b是“处理框”,一般用来表示“赋值”等操作。c是“输入输出框”,表示输入输出的操作,d是“判断框”,用来根据指定的条件是否满足决定如何执行随后的操作,它有一个入口,两个出口。e是流程线,它的箭头表示流程的方向。f是“连接点”,用于将画在不同地方的流程连接起来,如某一页中的“①”与另一页的“①”就是流程图中的同一个结点,只是因为一页画不下才分开来画。

【案例1】 画出第一张流程图。

【案例描述】

求某班某同学3门课程的总分(zf)。设数学分数(sx)为84,英语分数(yy)为78,计算机分数(jsj)为93,可以用图2-2所示的流程图来表示此题的算法。

【案例分析】

此题较为简单,只需通过三门课成绩相加,得出总分。

【案例实现】

使变量sx的值为84,变量yy的值为78,变量jsj的值为93。变量zf的值等于sx+yy+jsj。最后输出zf的值。

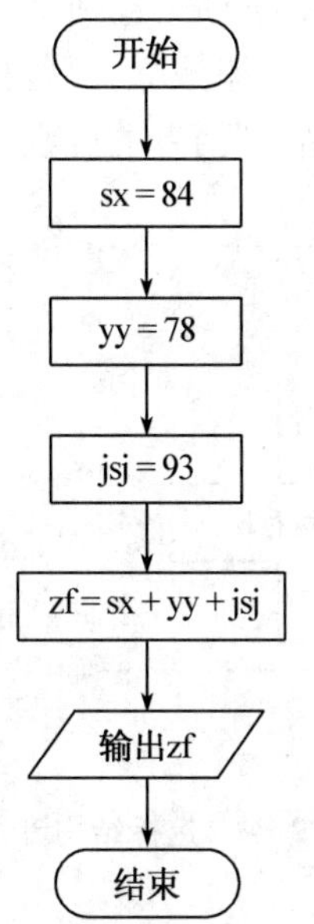

图 2-2 常用的流程图符号

使用传统流程图表示算法的优点是：用图形来表示流程，直观形象，各种操作一目了然，而且不会产生“歧义性”，流程清晰。但缺点是：流程图占用面积大，而且由于允许使用流程线，使得流程任意转移，容易使人弄不清流程的思路。

2.2.3 N-S 流程图

N-S 流程图的主要特点是取消了流程线，即不允许流程任意转移，只能从上到下顺序进行。它规定了以下三种基本结构作为构造算法的基本单元：

(1) 图 2-3 是“顺序结构”。其中(a)和(b)是分别用传统流程图和 N-S 流程图表示的顺序结构，其操作过程是：当执行完 a 操作后按顺序执行下一个操作 b。

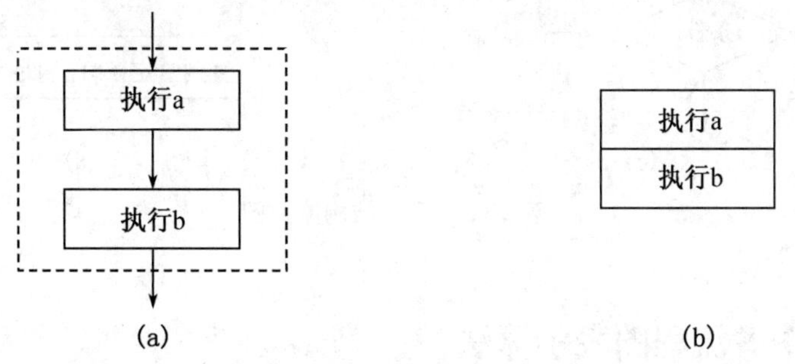

图 2-3 顺序结构流程图

(2) 图 2-4 是“选择结构”。其中(a)和(b)是分别用传统流程图和 N-S 流程图表示的选择结构，其操作过程是：当条件 p 成立时执行 a 操作，否则执行 b 操作。

(3) 图 2-5 是“循环结构”。其中(a)和(b)是分别用传统流程图和 N-S 流程图表示的“当型循环”，其操作过程是：判断条件 p 是否成立，当条件成立时，反复执行 a 操作，直到 p 条件不成立为止。(c)和(d)表示的是"直到型循环",其操作过程是:首先执行操作 a,然后判断条件 p 是否成立,如果条件不成立,反复执行 a 操作,直到 p 条件成立为止。

请注意"当型循环"和"直到型循环"两者的区别。

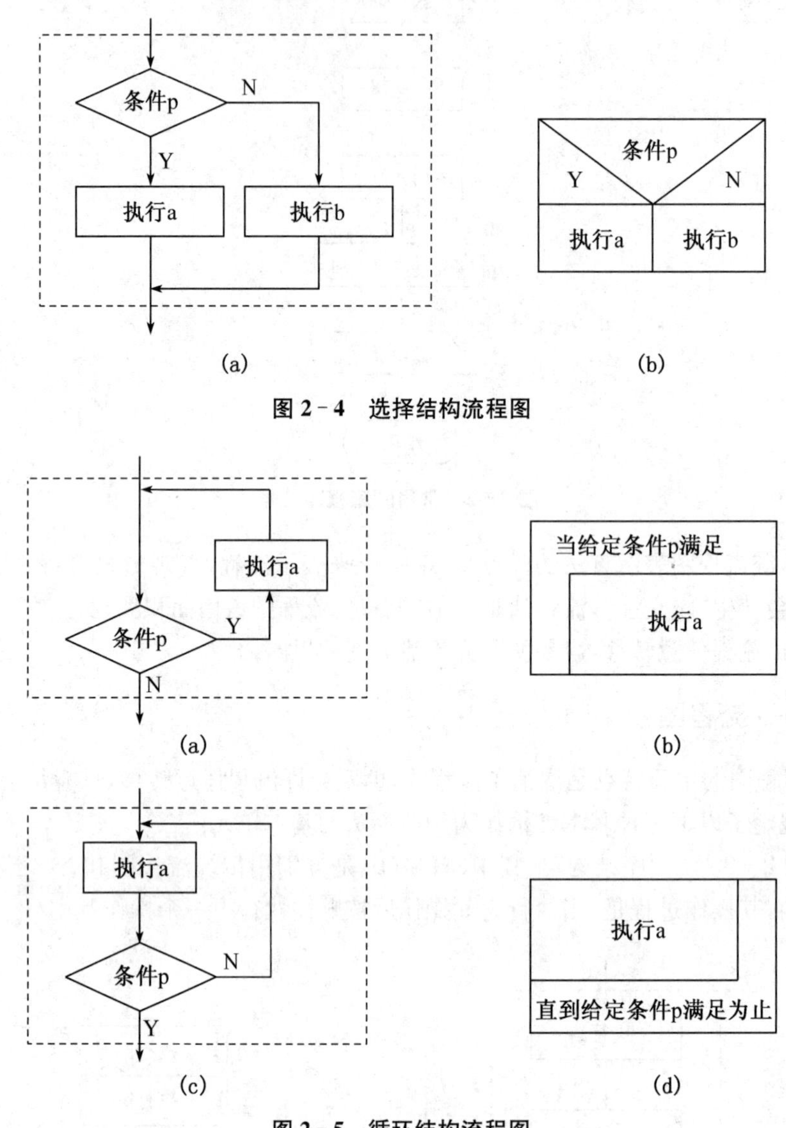

图 2-4 选择结构流程图

图 2-5 循环结构流程图

【案例 2】 N-S 流程图表示算法。

【案例描述】

输入 50 个学生的成绩,统计出成绩不及格人数。

【案例分析】

（1）先用一个变量 g 保存学生成绩，用 n 来累计已输入数据的个数，再用变量 m 统计不及格的人数。

（2）当输入的成绩 g<60 时，m 加 1，否则不进行任何操作，然后不论 g 是否小于 60，n 都加 1。

（3）当 n 的值满足 n<50 时，继续执行上述步骤，直到 n 的值不满足条件结束。此时的 m 就是不及格人数。

【案例实现】

用 N-S 流程图表示的算法如图 2-6 所示。

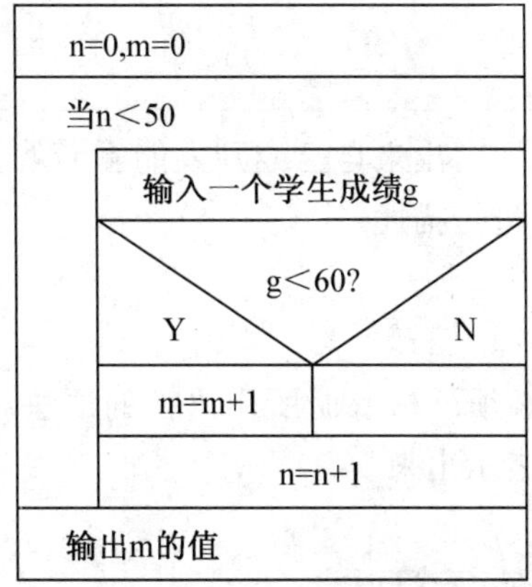

图 2-6　案例流程图

开动脑筋想一想

大家思考，上述的执行过程用普通流程图的方式如何画出来。

2.2.4　伪代码

所谓伪代码是指使用一种介于自然语言和计算机语言之间的文字和符号来描述算法。它如同一篇文章，自上而下地写下来。每一行（或几行）表示一个操作。它的表示形式比较灵活自由，而且由于与计算机语言比较接近，因此，可以比较容易地转换成计算机程序。

【案例 3】　伪代码表示算法。

【案例描述】

用伪代码的方式，对案例 2 进行描述。

【案例分析】

同案例2。

【案例实现】

```
n = 0
m = 0
while n less than 50
  input g
  if g less than 60 then m = m + 1
    n = n + 1
while end
output m
```

伪代码无统一的语法，只要写出来自己或别人能看懂就行。上述算法我们也可以写成其他格式，甚至是用汉字来进行描述。

2.2.5 程序代码

用计算机语言表示算法必须严格遵循所用语言的语法规则，这是和伪代码不同的。我们将前面的例题用C语言表示出来。

【案例4】 用程序代码表示算法。

【案例描述】

用程序代码的方式，对案例1进行描述。

【案例分析】

同案例1。

【案例实现】

```
#include <stdio.h>
int main()
{
    int sx,yy,jsj,zf;
    sx = 84;
    yy = 78;
    jsj = 93;
```

```
    zf = sx + yy + jsj;
    printf("%d",zf);
    return 0;
}
```

在这里,我们不打算详细介绍以上程序的细节,读者只需大体看懂它即可,在以后的各章中会详细介绍有关的使用规则。

应当强调说明的是,写出了C程序,仍然只是描述了算法,并不实现算法,只有运行程序才能实现算法。应该说,用计算机语言表示的算法是计算机能够执行的算法。

2.3 算法的特征

算法是对特定问题求解步骤的一种描述,是指令的有限序列,其中每一条指令表示一个或多个操作。此外,一个算法还具有下列五个重要特性:

(1) 有穷性。一个算法必须总是在执行有穷步之后结束,且每一步都在有穷时间内完成(在此,有穷的概念是指实际上合理的,可接受的,而不是纯数学的)。

(2) 确定性。算法中每一条指令必须有确切的含义,读者理解时不会产生二义性;在任何条件下,算法只有唯一的一条执行路径,即对于相同的输入只能得出相同的输出。

(3) 可行性。一个算法是能行的,即算法中描述的操作都是可以通过已经实现的基本运算执行有限次来实现的。

(4) 输入。一个算法有零个或多个的输入,这些输入取自某个特定的对象的集合。

(5) 输出。一个算法有一个或多个的输出,这些输出是同输入有着某些特定关系的量。

通俗地讲,算法是程序设计的灵魂,是解决“做什么”和“怎么做”的问题。

2.4 【章节案例二】算法描述:一卡通如何实现刷卡就餐

【案例描述】

校园生活少不了使用一卡通,去食堂吃饭可以刷卡就餐,那么,一卡通是如何实现刷卡消费的呢?

【案例分析】

本案例主要实现学生持卡消费,涉及如下几个方面的问题。

(1) 定义卡余额和消费如何实现扣费。

(2) 如果卡上余额不足,如何判断并给出提示信息。

(3) 如果卡上余额充足,如何实现扣款,更新余额并显示。

(4) 提示消费成功。

【案例实现】

```
伪代码方式:
blance 余额,consumption 消费金额。
balance = 100
printf 输入本次消费金额
scanf consumption
if blance>= consumption
    printf 消费成功
    blance = blance - consumption
    printf blance
else
    printf 余额不足,请充值
```

开动脑筋想一想

如果一卡通余额不足,需要充值,请尝试描述充值功能算法。

2.5 习　题

1. 用算法描述:a 和 b 两个数,判断哪个数较大并且输出较大的数。

2. 用算法描述:有两个袋子 a 和 b,分别装米和黄豆,要求将它们互换(即 a 原来装米,现改装黄豆,b 则装米)。

3. 用算法描述从 1 开始累加到 100 的过程。

4. 用伪代码的方式给出一卡通充值的过程的算法。

第3章

顺序结构程序设计

C语言是一种结构化的程序设计语言，有三种基本的结构，分别是顺序结构、选择结构和循环结构，其中顺序结构是一种线性、有序的结构，它依次执行各语句模块。如果我们要编写一个顺序结构的C语言程序，则首先需要掌握C语言中的变量概念及其操作、数据类型及其操作、输入输出方法等一系列的知识。

3.1 常量和变量

常量就是在程序执行的整个过程中，其值不能改变的量，反之其值可以改变的量则称之为变量。常量包括四类，即整型常量、实型常量、字符型常量和符号常量，同样变量也可以分为整形变量、实型变量、字符型变量等各种类型。

3.1.1 整型常量

整型常量(整数)可以分为 int，long int，short int 等类别。它又可以有十进制、八进制和十六进制 3 种不同的表示方式：

(1) 十进制整型常量。这种常量只能出现 0～9 之间的数字，可带正、负号，如：123、-321、0 等。在整型常量后加字母 l 或 L 表示该常量是长整型，如：123l、234L 等。

(2) 八进制整型常量。这种常量是以数字 0 开头的八进制数字串。其中数字可以是 0～7。如 0123 表示是八进制的 123，它相当于十进制数 83。

(3) 十六进制整型常量。这种常量是以数字 0x 或者 0X 开头的十六进制数字串。其中数字可以是 0～9、a～f 或 A～F。如 0x12 表示是十六进制的 12，它相当于十进制的 18。

3.1.2 实型常量

实型常量可以用两种形式来表示：十进制小数形式和指数形式。

(1) 十进制小数形式：它由数字和小数点组成(必须有小数点)。如 3.14159、6.54321、1.0、2.0 都是十进制小数形式。

(2) 指数形式的数由两部分组成：一部分是十进制形式的常量，另一部分是指数部分，指数部分是在 e 或 E(相当于数学中幂底数 10)后跟可带符号的整数指数，如：12.3E-3(表示 12.3×10^{-3})、1.23e-2(表示 1.23×10^{-2})。

3.1.3 字符常量

字符型常量是用一对单引号括在其中的一个字符。例如 'a'、'b'、'A'、'B' 都是一个字符常量。一个字符常量的值就是该字符的 ASCII 码值,如字符 a 的编码值是 97,字符 A 的编码值是 65,所以字符常量 'a' 的值是 97,字符常量 'A' 的值是 65。

C 语言还允许有转义字符,就是以"\"开头的字符序列。如"\n"表示一个换行符,"\f"表示换页。常用的转义字符见表 3-1 所示。

表 3-1 转义字符表

转义字符	含　义
\n	换行
\t	横向跳格(Tab)
\v	竖向跳格
\b	退格
\r	回车
\f	换页
\\	反斜杠\
\'	单引号
\xhh	1～2 位十六进制数所代表的字符
\ddd	1～3 位八进制数所代表的字符

3.1.4 字符串常量

字符串常量是用一对双引号括起来的零个、一个或多个字符序列。例如

"a"

"Good morning!"

都是字符串常量。

字符串常量与字符常量不同。从形式上看,字符常量使用单引号,而字符串常量使用双引号。从内部存储来看,编译程序自动在每个字符串的尾部加上一个串结束符"\0",因此,所需要的存储空间比字符串的字符个数多一个字节。字符串"a",实际包含 2 个字符:"a"和"\0",由此可见,"a"≠'a'。如图 3-1 和图 3-2 所示。

图 3-1 字符常量 'a'　　　　图 3-2 字符串常量"a"

3.1.5 符号常量

用一个标识符代表一个常量的,称为符号常量,即标识符形式的常量。例如

```
#define PI 3.14159
```

用#define 命令行定义 PI 代表常量 3.14159，这样经过上面的定义，则计算圆面积的语句就可以改写为如下语句：

```
s=PI*r*r;
```

一般，符号常量名用大写，变量名用小写，以示区别。使用符号常量的好处是：

(1) 在需要改变一个常量时能做到一改全改。例如，为提高圆周率 π 的精度，要将 π 的值由 3.14159 改为 3.1415926，则整个程序中只需要修改一处就可以了：

```
#define PI 3.1415926
```

在程序中所有 PI 代表的圆周率 π 一律自动改为 3.1415926。

(2) 含义清楚，易读性强。如从上面的定义中就可知道 PI 代表圆周率。因此，定义符号常量名时应使用见名知意的符号常量。

3.2　变量的操作

变量就是在程序运行过程中其值可以改变的量，每个变量在内存中占据一定的存储单元来存放变量的值。

每一个变量要有一个名字来标识，称为变量名。变量名的第一个字符必须是字母或下划线，其后的字符只能是字母、数字和下划线，且所用的名字不能与 C 语言系统所保留的关键字相同。为提高程序的可读性，在给变量命名时尽量做到"见名知意"，比如姓名用 name 作变量名或用拼音 xingming 作变量名或用拼音的缩写 xm 作变量名，尽量不要使用 a、k、m 这些没有明确含义的变量名。下面列举若干正确的和不正确的变量名。

正确的变量名：

a1b2　　sum　　average　　j1_2　　sysa　　number_a_1

不正确的变量名：

no?　　　　(含有不合法字符"?")

2to　　　　(第一个字符不允许为数字)

yes no　　(变量名中不允许有空格)

a/b　　　　(含有不合法字符"/")

π　　　　　("π"为不合法字符)

> **注意**：大写字母和小写字母在 C 语言中被认为是两个不同的字符。因此，name 和 NAME，xm 和 XM 是两个不同的变量名。一般来说，变量名用小写字母表示。

变量有类型之分，每个变量都有一个确定的类型。例如，整形变量、实型变量、字符型变量等。

3.2.1 变量的定义与初始化

C语言规定变量在使用前必须加以定义，一般在程序的声明部分定义。

1. 变量的定义

变量定义的一般形式是：

```
变量类型  变量名  {,变量名};
```

其中用{ }括起来的表示可以重复零次或多次。

比如：

```
int a,b,c,d;        //定义 a,b,c,d 为整型变量
float e,f;          //定义 e,f 为实型变量
char ch1,ch2;       //定义 ch1,ch2 为字符型变量
```

2. 变量的初始化

在定义变量的时候同时给这个变量赋值就叫作变量的初始化。例如：

```
int a=6;//定义变量 a 的类型为整型,初始值为 6
```

编译器会根据要求，分配4个字节的内存单元存放a变量的数值，见图3-3。

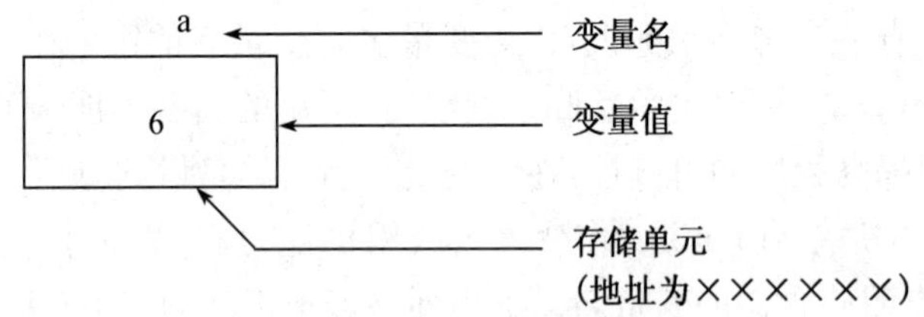

图3-3 a变量的整数值

请注意区分变量名和变量值这两个不同的概念，变量名实际上是一个符号地址，在对程序编译连接时由系统给每一个变量名分配一个存储单元地址(×××××)。在程序中从变量中取值，实际上是通过变量名找到相应的存储单元地址，从其存储单元中读取数据。

也可对被定义的变量的一部分初始化，如：

```
int a,b,c=6;//定义 a,b,c 为整型变量,只对 c 初始化,c 的值为 6
```

开动脑筋想一想

如果变量在定义的时候不通过人为方式赋初值，该变量究竟有没有初值？如果有，初值是多少？

3.2.2 变量的赋值

1. 赋值运算符和赋值表达式

赋值运算符为“=”，它的作用是将一个表达式的值赋给一个变量。赋值表达式的一般格式为：

变量=表达式

它的含义是先求出表达式的值，然后将此值送到变量对应的存储单元。

如 a=b+c，假设 b 的值为 1，c 的值为 2，则将 1 与 2 的和 3 送到变量 a 所对应的存储单元中，即 a 的值为 3。

注意：赋值运算符“=”不是数学中的“等于号”，它是有方向性的，可以理解为：“⇐”。其作用是将它右面的表达式的值赋给它左面的变量。因此，虽然数学中 i=i+1 不成立，但赋值表达式 i=i+1 却是允许的。假设 i 的原值为 1，在执行赋值表达式时，先将 i 的原值 1 读出，然后加 1 等于 2，最后把 2 再赋给变量 i。这时 i 的值由 1 变成 2 了，并且永远保持这个值，直到又重新对 i 赋值为止。

2. 赋值语句

在赋值表达式的末尾加上一个分号，就构成了一个赋值语句。如

```
i=3;
x=3+5;
```

赋值语句具有表达式运算（主要为计算）和赋值的双重功能。程序中的计算功能主要是由赋值语句完成的。

给变量赋值时要注意下列几点：

(1) 变量必须先定义再使用。

(2) 读出变量的值后，该变量保持不变，相当于从中取出复印件，这个过程是“取之不尽”的。

(3) 对变量的赋值过程是“新来旧往”的过程。所谓“新来旧往”是在变量地址单元中用新值去替换旧值。

下面举例说明上述特点。

```
char ch1;               //定义 ch1 为字符型变量
int a=1,b=2,c=3;        //定义 a,b,c 为整型变量
                        //并将 a 初始化为 1,b 初始化为 2,c 初始化为 3
ch1='a';                //ch1 赋值 'a',即变量 ch1 中存储了 a 的 ASCII 码值 97
a=4;                    //a 赋值为 4,替换了原来的 1
b=a;                    //b 赋值为 a,a 中的值替换了 b 中的值,b 就为 4
```

```
                    //而 a 中的值不变仍为 4
c=a+b;              //将 a+b 的值赋给 c,a+b 的值为 8
                    //去替换 c 中的 3,a 与 b 保持 4 不变
b=b+1;              //将 b+1 的值赋给 b,b+1 的值为 5,替换了原来的 4
```

【案例 5】 求电阻值。

【案例描述】

给出两个电阻的值,r1 为 2,r2 为 4,求出对应的串联电阻值。

【案例分析】

本案例只需要通过给出的两个电阻值,求解对应的串联电阻值,并进行输出。

【案例代码】

```
#include<stdio.h>
int main()
{
    int r,r1,r2;
    r1=2;
    r2=4;
    r=r1+r2; //求出串联电阻值 r
    printf("串联后的电阻值是%d\n",r);
    return 0;
}
```

【案例运行】

```
串联后的电阻值是6
---------------------------------
```

3.3 数据类型

在程序中,经常要使用各种类型的数据。C 语言中的数据类型可分为两大类型:第一类是基本数据类型,包括整形、实型(浮点型)和字符型等;第二类是构造数据类型,包括数组、结构体、共用体等。各种数据所能表示的数据范围不同,因而它所占用的内存空间的

大小不同。在现阶段大家需要了解三种基本数据类型以及对数据的基本操作，其他数据类型在后面的章节介绍。

3.3.1　整型数据

整数是编程中常用的一种数据，C语言通常使用int来定义整数，在现代操作系统中，int一般占用4个字节(Byte)的内存，共计32位(bit)。让整数占用更少的内存可以在int前边加short，让整数占用更多的内存可以在int前边加long，例如：

```
short int a = 10;
long int m = 102023;
```

也可以将int省略，只写short和long。

实际上C语言并没有严格规定short、int、long的长度，只做了宽泛的限制：

(1) short至少占用2个字节。

(2) int建议为一个机器字长。

(3) short的长度不能大于int，long的长度不能小于int。

因此，上述三种整数类型实际占用的长度在不同的操作系统中并不完全一致。目前我们使用较多的PC系统为Win 7、Win 10、Linux，在这些系统中，short和int的长度都是固定的，分别为2字节和4字节。

3.3.2　浮点型数据

浮点型数据即实型数据，用来表示一个实数，它又可以分为2种。

(1) float实型，占4字节，数据的表示范围是-3.4×10^{-38}～3.4×10^{38}。

(2) double双精度型，占8字节，数据的表示范围是-1.7×10^{-308}～1.7×10^{308}。

3.3.3　字符型数据

字符型数据用char来表示，一般用1字节共8位来存放一个字符，事实上在内存中存放的是该字符的ASCII码值(即一个整数)，因此，字符型是整型的一种特殊形式。在实际应用中，字符型数据和整型数据之间经常混合使用。

3.3.4　类型转换

在C语言的算术表达式中，可以出现整型、实型和字符型数据的混合运算。

例如：2 + 2.345 + 'a' + 'A'

该表达式是合法的。在混合运算的过程中，按照一定的规则先将两个不同类型的数据转换成统一的类型后再进行运算。整个转换过程是在运算时自动进行的，而且是逐步进行的。

(1) 转换按数据长度增加的方向进行，以保证数值不失真，或者精度不降低。例如，int和long参与运算时，先把int类型的数据转成long类型后再进行运算。

(2) 所有的浮点运算都是以双精度进行的，即使运算中只有float类型，也要先转换为 double 类型,才能进行运算。

(3) char 和 short 参与运算时,必须先转换成 int 类型。

例如已指定 c 为字符型变量,f 为 float 型变量,i 为 int 型变量,d 为 double 型变量,有下面的表达式:

```
c+f+i+d
```

在计算机执行时从左至右扫描,运算次序为:① 进行 c+f 的运算,首先,char 类型的变量 c 应转换为 int,而变量 f 的类型 float 不变,然后 c 和 f 相加时,c 要转换为 float,c+f 的结果类型为 float;② c+f 的和与 i 相加时,i 转换为 float,故与 i 相加的结果类型为 float;③ 最后在与 d 相加前,将前面的结果类型转换为 double,因为 d 是 double 类型,所以,最后结果类型为 double 型。

【案例 6】 大小写转换。

【案例描述】

从键盘输入一个大写字母,要求改用小写字母输出。

【案例分析】

大写字母的 ASCII 码值比小写字母的 ASCII 码值小 32,因此,将大写字母的 ASCII 码值加 32,便可得到相应的小写字母的 ASCII 码值,进而通过 printf 函数将小写字母输出到屏幕上。

该程序说明整型数据可以按字符型数据来处理,同样字符型数据也可以按整型数据来处理。因此,字符型数据与整型数据是通用的,即字符型数据可以看成是整型数据,整型数据可以看成是字符型数据。

【案例代码】

```
#include<stdio.h>
int main()
{
    char ch,low;
    printf("请输入一个大写字母:");
    scanf("%c",&ch);
    low=ch+32;
    printf("大写字母%c 转换为小写字母是%c\n",ch,low);
    return 0;
}
```

【案例运行】

```
请输入一个大写字母：A
大写字母A转换为小写字母是a
```

3.4　数据的操作

几乎每一个程序都需要进行运算，对数据进行操作，否则程序就没有意义了。要进行操作，就需要规定可以使用的运算符。C语言的运算符范围很宽，除了控制语句和输入输出以外，几乎所有的基本操作都作为运算符处理。

3.4.1　算数运算

(1) 在C语言中基本算术运算符有+、-、*、/、%这五个，分别为加、减、乘、除、求余运算符。

① 加、减、乘、除运算符的运算对象可以是整数，也可以是实型数。

② "/"是除法运算符。它的功能是进行求商运算，如a/b。在a/b中，如果a和b都是整型量，则其商也为整型量，小数部分被舍去。如7/3结果为2，1/3结果为0。如果a、b中有一个或都是实型量，则a和b都化为实型量，然后相除，结果为实型的量。如7.0/2，结果为3.5。所以，虽然数学上是同样一个数，但在算术表达式中类型不同，其商也可能不相同，这是值得注意的。

③ 求余运算符"%"的运算对象是整数，它求出运算符两侧的两个整型数据整除后的余数，如16%5=1，因为16除以5的余数为1。

(2) C语言中规定上面五个运算符的优先级为三级，下面是从高到低的优先级级别：

- 一级：负号(-)
- 二级：*　/　%
- 三级：+　-

在实际运算中，也可以用圆括号改变这种优先关系，因为圆括号具有最高的运算级别。

(3) 用算术运算符和括号将运算对象(或称操作数)连接起来的、符合C语法规则的式子，称为C算术表达式。运算对象包括常量、变量、函数等。

下面是将一般数学式改写成C语言算术表达式的例子：

一般数学式	C语言算术表达式	注　解
$[a(a+c)+b]ac$	(a*(a+c)+b)*a*c	方括号改用圆括号，乘号不能省略。
$\frac{\pi r^3}{3}$	3.14*r*r*r/3.0	π为非字母字符，不能用在表达式中，应把它改为实型常量，r^3应改为r*r*r。表达式中不能出现分数，应将横线改为斜线。
$\frac{a}{a+b}+\frac{2}{xy}$	a/(a+b)+2.0/(x*y)	圆括号不能缺少

注意:不能出现3/(2/4)之类的表达式,因为(2/4)的结果为0,用0作除数将会出现运算溢出的错误。为了不致使2/4的结果为0,应将整型常量改为实型常量:2.0/4.0。

3.4.2 自增自减运算

自增、自减运算符有++、--2个,分别为增一、减一运算符。

如i++、i--,i++的作用相当于i=i+1,i--的作用相当于i=i-1。

自增、自减运算符只能用于变量,而不能用于常量或表达式。

开动脑筋想一想

i++和++i是一回事吗?请大家用简易的代码进行验证。

3.4.3 赋值运算

赋值操作是程序设计中最常用的操作之一,C语言提供了多个赋值运算符,均为二元运算符,其中仅有一个为基本赋值运算符"=",其余均是复合赋值运算符,即:

(1) 基本赋值运算符:=。

如int a=5;表示把5赋值给整型变量a,不能读成"a等于5"。赋值号右边的值可以为常量、变量或表达式。如下赋值均是正确的。

```
int a,b; //定义整型变量a和b
a=3; //把常量3赋值给a,右值为常量
b=a; //把变量a的值赋给b,右值为变量
b=a+3; //把求和表达式a+3的值赋给b,右值为表达式
```

(2) 复合赋值运算符:+=(加赋值)、-=(减赋值)、*=(乘赋值)、/=(除赋值)、%=(求余赋值)。

a+=b;等价于a=a+b;

a-=b;等价于a=a-b;

a*=b;等价于a=a*b;

a/=b;等价于a=a/b;

a%=b;等价于a=a%b;

3.4.4 逗号运算

逗号运算是指在C语言中,多个表达式可以用逗号分开,其中用逗号分开的表达式的值分别结算,但整个表达式的值是最后一个表达式的值。

例如：

```
int a,b=2,c=7,d=5; //第 1 行
a=(++b,c--,d+3); //第 2 行
```

对于给 a 赋值的代码，有三个表达式，用逗号分开，所以最终的值应该是最后一个表达式的值，也就是 d+3 的值，为 8，所以 a 的值为 8。

3.4.5　sizeof 运算

sizeof 是 C 语言中的一个保留关键字，也可以认为是一个单目运算符，其运算符的含义是：求出对象在计算机内存中所占用的字节数。例如：

```
int a=10;
int len_a=sizeof(a);
```

结果是：len_a=4

【案例 7】　摄氏温度和华氏温度转化。

【案例描述】

有人用温度计测量出摄氏温度 c，现要求把摄氏温度转为华氏温度 f。已知转换的公式为：f=(9/5)*c+32。

【案例分析】

解决此问题，已知其两者转换的公式，只需通过对摄氏温度进行赋值，通过计算得出华氏温度，然后进行输出。

【案例代码】

```
#include <stdio.h>
int main()
{
    float c,f;
    c=38;
    f=(9.0/5)*c+32;
    printf("对应的华氏温度为%f\n",f);
    return 0;
}
```

【案例运行】

```
对应的华氏温度为100.400002
-------------------------------
```

开动脑筋想一想

上述案例代码中,"f=(9.0/5)*c+32;"中的9.0是不是可以换成9?

3.5 输入和输出

输入输出(Input and Output,简称IO)是用户和程序"交流"的过程。在C语言程序中,所谓输入输出是以计算机主机为主体而言的,输出一般是指将数据(包括数字、字符等)显示在屏幕上,而输入一般是指获取用户在键盘上输入的数据。

C语言本身不提供输入输出语句,输入和输出操作是由C函数库中的函数来实现的,主要有下列函数:

字符输入函数: getchar　　字符输出函数:putchar

格式输入函数: scanf　　格式输出函数:printf

3.5.1 printf函数实现输出

printf函数(格式输出函数)用来向显示终端(或系统隐含指定的输出设备)输出若干个任意类型的数据。其一般形式为:

```
printf(格式控制,输出表列)
```

括号内包括两部分:

(1)"格式控制"是用双撇号括起来的一个字符串,称"转换控制字符串",简称"格式字符串"。它包括两个信息:

① 格式声明。格式声明由"%"和格式字符组成,如%d、%f等。它的作用是将输出的数据转换为指定的格式然后输出。格式声明总是由"%"字符开始的。

② 普通字符。普通字符即需要在输出时原样输出的字符。例如上面printf函数中双撇号内的逗号、空格和换行符,也可以包括其他字符。

(2)"输出表列"是程序需要输出的一些数据,可以是常量、变量或表达式。

表 3-2　printf 格式字符

格式字符	功　　能
d	以十进制有符号形式输出整数(正数不输出符号)
o	以八进制无符号形式输出整数(不输出前缀)
x	以十六进制无符号形式输出整数(不输出前缀)
u	以十进制无符号形式输出整数
f	以小数形式输出单、双精度实数
e	以指数形式输出单、双精度实数
c	以字符形式输出,输出一个字符
s	输出字符串

表 3-2 列出 printf 函数用到的格式字符及其含义。格式声明中,在%和上述格式字符之间可以插入表 3-3 列出的几种附加符号。

表 3-3　printf 函数用到的附加字符

字符	功能
l	用于长整型整数,可加在格式符 d,o,x,u 前面
m(代表一个正整数)	数据最小宽度,不足部分在左端用空格补足
n(代表一个正整数)	对实数,表示输出 n 位小数;对字符串,表示截取的字符个数
-	输出的数字或字符在域内向左靠

3.5.2　scanf 函数实现输入

scanf 函数可以用来输入任何类型的多个数据。其作用是从输入设备(通常指键盘)输入数据,并将它们按指定的格式存储于地址表列所指定的变量中。其一般形式为:

```
scanf(格式控制,地址表列)
```

格式控制的含义与用法与 printf 函数相同。"地址表列"是由若干个地址组成的表列,可以是变量的地址或字符串的首地址。

在实际使用 scanf 函数时应注意到下述几个问题:

(1) scanf 函数中的"格式控制"后面应当是变量地址,而不应是变量名。

(2) 如果在"格式控制"字符串中除了格式说明以外还有其他字符,则输入数据时在对应位置应输入与这些字符相同的字符。

(3) 在用"%c"格式输入字符时,空格字符和转义字符都作为有效字符输入。

(4) 在输入数据时,遇以下情况时认为该数据结束:

① 遇空格,或按"回车"或"跳格"(Tab)键;

② 按指定的宽度结束,如"%3d",只取 3 列;

③ 遇非法输入。

【案例8】 解方程的根。

【案例描述】

求一元二次方程 $ax^2+bx+c=0$ 的两个实数根。要求 a、b、c 由键盘输入，$a\neq0$ 且 $b^2-4ac>0$。

【案例分析】

对于一元二次方程，当判别式 $\Delta=b^2-4ac>0$ 时，方程有两个不相等的实数根，并可用求根公式表示。令 p= -b/(2 * a)，q=sqrt(Δ)/(2 * a)，两个根分别为：x1=p+q，x2=p-q。

在本例中，由于需要使用输入输出函数、求平方根函数，因此，要在程序文件的开头用预编译指令将包含上述函数声明的头文件囊括进来。

【案例代码】

```
#include<stdio.h>
#include<math.h>
int main()
{
    float a,b,c,disc,x1,x2,p,q;
    printf("请输入方程系数a,b,c,保证b*b-4*a*c>0,以空格或回车或tab
等分隔数据;\n");
    scanf("%f%f%f",&a,&b,&c);
    disc=b*b-4*a*c;
    p=-b/(2*a);
    q=sqrt(disc)/(2*a);
    x1=p+q;
    x2=p-q;
    printf("方程的两个根分别为:x1=%5.2f,x2=%5.2f\n",x1,x2);
    return 0;
}
```

【案例运行】

```
请输入方程系数a,b,c,保证b*b-4*a*c>0,以空格或回车或tab等分隔数据;
1 6 5
方程的两个根分别为: x1=-1.00,x2=-5.00
```

3.5.3　putchar 实现字符输出

putchar 函数将指定的表达式的值所对应的字符输出到标准输出终端上。表达式可以是字符型或整型，它每次只能输出一个字符。

putchar 函数的基本格式为：putchar(c)。

(1) 当 c 为一个被单引号引起来的字符时，输出该字符（注：该字符也可为转义字符）；

(2) 当 c 为一个介于 0 至 127（包括 0 及 127）之间的十进制整型数时，它会被视为对应字符的 ASCII 代码，输出该 ASCII 代码对应的字符；

(3) 当 c 为一个事先用 char 定义好的字符型变量时，输出该变量所指向的字符。

例如：

```
putchar('#')；输出字符#
putchar(66)；输出字母 B
```

3.5.4　getchar 实现字符输入

为了向计算机输入一个字符，可以调用系统函数库中的 getchar 函数（字符输入函数）。getchar 函数的一般形式为

```
getchar()
```

getchar 是 get character（取得字符）的缩写，getchar 函数没有参数，它的作用是从计算机终端（一般是键盘）输入一个字符，即计算机获得一个字符。getchar 函数的值就是从输入设备得到的字符。getchar 函数只能接收一个字符。如果想输入多个字符就要用多个 getchar 函数。

【案例 9】　输出 YPI。

【案例描述】

从键盘向计算机输入 YPI 三个字符，然后在屏幕进行输出。

【案例分析】

从键盘输入三个字符，采用 getchar 函数输入计算机，然后采用 putchar 函数输出到屏幕。

【案例代码】

```
#include<stdio.h>
int main()
{
```

```
    char a,b,c;
    a=getchar();
    b=getchar();
    c=getchar();
    putchar(a);
    putchar(b);
    putchar(c);
    putchar('\n');
    return 0;
}
```

【案例运行】

3.6 【章节案例三】一卡通刷卡消费

【案例描述】

本周六上午有两个朋友到你这里面来玩，一直玩到周日下午回去，在此期间都在学校食堂吃饭，其中早餐每人花费4.5元，午餐每餐花费13.5元，晚餐每餐花费16元，已知在朋友们到你学校的时候，一卡通账户内有余额200元，请编写一个简单的程序计算你的朋友们离开学校时的一卡通的余额。

【案例分析】

(1) 首先使用scanf函数提示用户输入卡内的余额。

(2) 根据题目说明，总支出为六次午餐的费用+三次晚餐的费用+三次早餐的费用。

(3) 将计算后的结果用printf函数打印在屏幕上。

【案例代码】

```
#include<stdio.h>
int main()
{
    float balance;//balance 表示一卡通余额
```

```
    float breakfast = 4.5;
    float lunch = 13.5;
    float supper = 16;
    printf("请先输入一开始您的卡内余额:\n");
    scanf("%f",&balance);
    balance = balance - 3 * breakfast - 6 * lunch - 3 * supper;
    printf("朋友走后的卡内余额:%f 元\n",balance);
    return 0;
}
```

【案例运行】

```
请先输入一开始您的卡内余额:
200
朋友走后的卡内余额: 57.500000元
```

3.7　习　题

1. 下列哪些是不合法的变量名？为什么？

π	while	abc	float	ok	int	_b
a_	2a	a3	-c	+c	a_2	name
month	a+b	if	$	char		

2. 写出下面程序运行后的结果。

```
#include<stdio.h>
int main()
{
    int i,j;
    float x,y;
    i=3;
    j=4;
    x=5.0;
    y=1.0+i/j+x+2.6;
    printf("%f",y);
    return 0;
}
```

3. 写出下面程序运行后的结果。

```
#include <stdio.h>
int main()
{
    char c1,c2;
    int d;
    float m;
    c1 = 'E';
    c2 = 'A';
    d = c1 - c2;
    m = 4.0;
    printf("%c\n%c\n%d\n%f\n",c1,c2,d,m);
    c1 ++ ;
    c2 ++ ;
    printf("%c\n%c\n",c1,c2);
    return 0;
}
```

4. 设圆半径 r=1.5,圆柱高 h=3,编程计算圆面积和圆柱体积。要求输出时要有文字说明,取小数点后 2 位数字。

扫码可见第4章微课

第4章 选择结构程序设计

在第三章中，我们学习了程序设计中的顺序结构，在顺序结构中，程序员在一个程序中不管输入了多少条指令，每一条指令都机械地从上到下依次执行，不会跳过其中任何一条。但是生活并非总是按部就班，我们往往会面临需要抉择的情况，这时就需要通过对比条件是否符合来决定是否执行。

比如：在进入瘦西湖公园时，机器读取身份证信息，年龄超过 70 周岁的老人可以免门票进入；学校隔壁的苏果超市最近在搞活动，单次购物总价超过 200 元减 50 等。如果你是在机器内部写入控制程序的程序员，那你知道该怎么让机器智能选择吗？一起来学习 C 语言中的选择结构吧。

在选择结构中主要有两大类别，分别是 if 语句和 switch 语句。我们首先来学习第一类 if 语句的使用。

4.1 if 语句的形式

在 if 语句的具体实现中，有三种分支可选择：单分支、双分支和多分支。在编写程序时，我们要根据具体情况选择合适的分支使用。

4.1.1 单分支 if 语句

在 C 语言中，用 if 语句实现单分支结构时，如果满足 if 后面的条件，就执行对应的处理。例如，宿舍的小伙伴约定，如果明天不下雨，就去扬州瘦西湖游玩。这句话可以用自然语言来重新描述：

```
如果明天不下雨，
那么宿舍的小伙伴就去扬州瘦西湖游玩。
```

上面的“如果”就相当于 C 语言的关键字 if，明天不下雨是一个判断条件，小伙伴去扬州瘦西湖游玩是执行。进一步把这个问题修改为伪代码：

```
if(明天不下雨)
{
    宿舍的小伙伴就去扬州瘦西湖游玩
}
```

以下描述就是一个典型的单分支if语句。

语法格式如下：

```
if(判断条件表达式)
{
执行语句
}
```

执行流程：

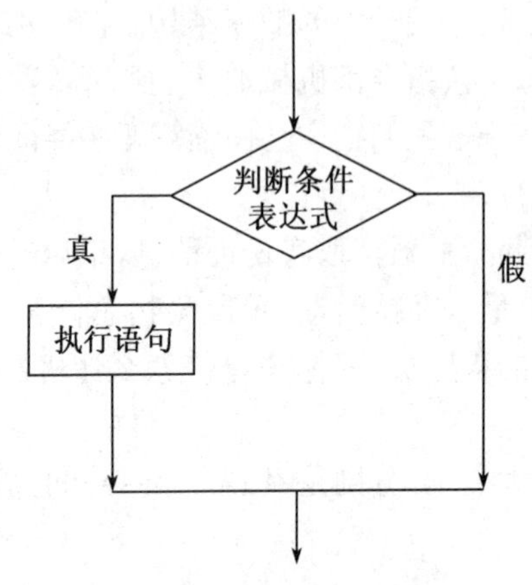

图4-1 单分支if执行流程

执行过程：

第一步 先判断条件表达式的值是否为0。

第二步 如果为0,则按照条件为“假”处理,{}内语句跳过不执行,程序继续下行。

第三步 如果为非0,则按条件为“真”处理,则需要把{}内语句执行完成后,程序才能继续下行。

注意:if后的花括号{}如果省略不写,则默认只执行语句中的第一条。

【案例10】 你能参加超市活动吗?

【案例描述】

校园超市做活动,购物总价满200元,则总价减50,如果用户有资格参加活动,则程序输出优惠后的总价。

【案例分析】

定义一个变量用于保存总价,用户输入总价后,根据总价和200做比较,如果总价大于等于200,则将总价减50元,并在屏幕输出最终总价,否则程序什么也不做。

【案例代码】

```
int main()
{
    int price;      //定义整型变量 price,保存购物总价数据
    printf("Please input the price:"); //提示语
    scanf("%d",&price);  //输入购物总价格
    if(price>=200)  //总价满 200,则屏幕输出优惠 50 元后的价格
    {
        printf("优惠后的价格是:%d 元\n",price-50);
    }
    return 0;
}
```

【案例运行】

```
Please input the price:150
```

```
Please input the price:250
优惠后的价格是: 200元
```

总的来说,if 单分支语句的执行非常简单,要么执行,要么跳过。

【案例 11】　哪个哈密瓜最划算?

【案例描述】

校园超市水果区的哈密瓜在促销,15 元一个,现在还剩三个,告诉你它们的重量,你会挑哪一个?当然是最重的那个啦!

如果让机器挑选就要让它学会判断最大数。要如何设计程序?

【案例分析】

(1) 首先定义三个实型变量,用于保存三只哈密瓜的重量,再多定义一个实型变量,用于保存临时比较出的较大值。

(2) 依次输入三个哈密瓜重量数值。

(3) 三个数两两比较,比较 2 次之后得到最大数并将其输出到屏幕。

【案例代码】

```
int main()
{
    float w1,w2,w3,max;     //定义 4 个实型变量 w1,w2,w3,max
```

```
    printf("Please input three weight:\n"); //提示语
    scanf("%f,%f,%f",&w1,&w2,&w3);      //输入3个数值
    if(w1>w2)      //如果w1大于w2,把w1的值赋值给变量max
    {
        max = w1;
    }
    if(w1<w2) //如果w1小于w2,把w2的值赋值给变量max
    {
        max = w2;
    }
    if(w3>max) //如果w3大于max,把w3的值赋值给变量max
    {
        max = w3;
    }
    printf("The max number is: ");
    printf("%f",max);      /* 输出最大重量值 */
    return 0;
}
```

【案例运行】

```
Please input three weight:
2.5,3.9,3.5
The max number is: 3.900000
--------------------------------
```

4.1.2 双分支结构 if ... else 语句

在C语言中,用 if ... else 语句实现双分支结构。双分支结构是对条件进行判断,从而得到两个结果,根据条件的真假结果选择两种执行操作之一。就像让程序做一个"二选一"题,选A还是选B,必选一个,也只能选一个。

语法格式如下:

```
if(判断条件表达式)
{
    语句1
}
else
{
```

```
    语句 2
}
```

执行过程：

第一步　判断条件表达式的值是否为 0。

第二步　如果为非 0，按“真”处理，执行语句 1，跳过语句 2，程序继续下行。

第三步　如果为 0，按“假”处理，执行语句 2，程序继续下行，语句 1 不执行。

执行流程：

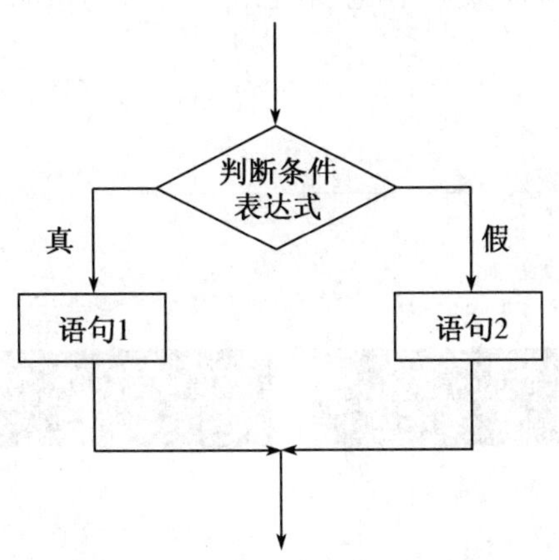

图 4－2　双分支 if 语句执行流程

【案例 12】　不能参加超市活动咋办?

【案例描述】

校园超市做活动，购物总价若满 200 元，则总价减 50，如果用户有资格参加活动，则程序输出优惠后的总价；如果没资格的话，则程序应在屏幕提示用户不符合优惠条件，并显示总价。

【案例分析】

本案例中，输入用户的购物总价，并将其跟 200 作对比，对于大于等于 200 和小于 200 分别给出对应的执行操作，可以选择双分支的 if 语句来实现。

【案例代码】

```
int main()
{
    int price;        //定义整型变量 price，保存购物总价数据
    printf("Please input the price:");
```

```
    scanf("%d",&price);  //输入购物总价格
    if(price>=200)  //总价超200,则屏幕输出优惠50元后的价格
    {
        printf("优惠后的价格是:%d元\n",price-50);
    }
    else
    {
        printf("不符优惠条件,总价是:%d元\n",price);
    }
    return 0;
}
```

【案例运行】

```
Please input the price:250
优惠后的价格是: 200元
```

```
Please input the price:150
不符优惠条件, 总价是: 150元
```

开动脑筋想一想

上面这个例题能否只使用单分支 if 实现?如果可以的话,那执行起来跟本例有无区分?

4.1.3 多分支结构 if ... else if 语句

在 C 语言中,用 if ... else if 语句或者 switch 语句实现多分支结构。多分支结构,顾名思义,程序中设置的多个条件会分别对应得到不同结果,就像让程序做一个"多选一"题,选 A 还是选 B 还是选 C,或者选项更多,结果必选一个,也只能选一个。

语法格式如下:

```
if(判断条件表达式1)
{
    语句1
}
else if(判断条件表达式2)
{
    语句2
}
```

```
……
else if(判断条件表达式 n)
{
    语句 n
}
else
{
    语句 n+1
}
```

执行过程：

第一步　判断条件表达式 1 的值，若为非 0，按"真"处理，执行语句 1，跳过后面所有剩余分支。

第二步　若判断条件表达式 1 值为 0，则按"假"处理，跳过语句 1。

第三步　继续对判断条件表达式 2 进行判断，若判断条件 2 的值为非 0，则执行语句 2，跳过后面所有剩余分支。

第四步　以此类推，若前 n 个判断条件表达式值都为 0，则执行 else 语句后面的语句 n+1。

执行流程图：

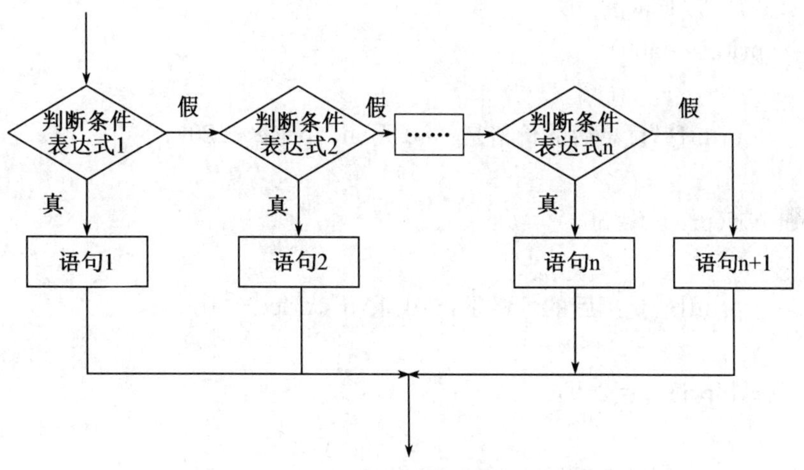

图 4-3　多分支 if 语句执行流程

【案例 13】　你能参加哪种优惠活动？

【案例描述】

为了回馈新老客户，校园超市加大活动力度，若购物总价满 400 元，则优惠 120 元；若总价满 300 元但低于 400 元，则优惠 80 元；若总价满 200 元但低于 300 元，则优惠 50 元；

低于200元没有优惠。程序实现输入用户购物总价，屏幕输出用户是否符合优惠条件以及应付的总价。

【案例分析】

例中涉及的四种结果，分别对应总价金额的四个区间，即：

总金额	优惠后
price>=400	price-120
400>price>=300	price-80
300>price>=200	price-50
price<200	price

程序需要根据用户输入的总价区间进行判断，对应输出不同的结果。

【案例代码】

```
#include <stdio.h>
int main()
{
    int price;
    printf("Please input the price:");
    scanf("%d",&price);
    if(price>=400)
    {
        printf("优惠后的价格是:%d 元\n",price-120);
    }
    else if(price>=300)
    {
        printf("优惠后的价格是:%d 元\n",price-80);
    }
    else if(price>=200)
    {
        printf("优惠后的价格是:%d 元\n",price-50);
    }
    else
    {
        printf("不符优惠条件,购物总价是:%d 元\n",price);
    }
    return 0;
}
```

【案例运行】

```
Please input the price:400
优惠后的价格是：280元
```

```
Please input the price:300
优惠后的价格是：220元
```

```
Please input the price:200
优惠后的价格是：150元
```

```
Please input the price:150
不符优惠条件，购物总价是：150元
```

4.2　关系运算符及关系表达式

在前面的内容中，大家发现会遇到比较两个数据关系的情况，例如（x>10），这个表达式对两个数据的关系进行比较运算，判断是否符合给定的条件。用于判断两个数据关系的运算符即关系运算符或比较运算符。

4.2.1　关系运算符

表 4-1　关系运算符

优先级		运算符	名称	示例	结果
高↓低	同级	>	大于	2>3	假，表达式值为 0
		>=	大于等于	2>=2	真，表达式值为 1
		<	小于	2<3	真，表达式值为 1
		<=	小于等于	3<=2	假，表达式值为 0
	同级	==	等于	2==2	真，表达式值为 1
		!=	不等于	2!=2	假，表达式值为 0

如表 4-1 所示，关系运算符共有 6 个，关系运算符对于两个数据的比较，得到的结果是一个逻辑值（“真”或者“假”），例如 6<8，值为真。

4.2.2　关系表达式

由关系运算符连接起来的表达式就是关系表达式。下面举几个实例：

（1）3>5 //表达式为假，值为 0

（2）3<=5 //表达式为真，值为 1

（3）int b=2, c=5;

　　b!=c<=5 //表达式为真，值为 1

注意：表达式 b!=c<=5，根据运算符的优先级顺序，该表达式可以等价改写成 b!=(c<=5)，先计算 c<=5，逻辑值为真，对应数据值为 1，再计算 b!=1，逻辑值为真，数据值为 1，因此，整个表达式的值为 1。

4.2.3 逻辑值和数据值的转换

在关系表达式中,可以得到“真”或“假”的结果,这属于逻辑值,在计算机处理的时候必须转换成数据值,但是,有时在计算表达式的时候,我们需要把数据值转换成逻辑值,用于判断结果真假。下面两张表展示了逻辑值和数据值之间的转换关系。

(1) 逻辑值对应的数值关系如表 4-2 所示:

表 4-2 逻辑值转成数据值

逻辑值	转换	数据值	举例
真	⟶	1	3>1 逻辑值为真,数据值为 1
假	⟶	0	1>3 逻辑值为假,数据值为 0

(2) 数值表达式对应的逻辑值关系如表 4-3 所示:

表 4-3 数据值转成逻辑值

数值表达式结果	转换	逻辑值	举例
非 0	⟶	真	2.5,1+2,3-5 数值都非 0,逻辑值为真
0	⟶	假	0,10-10 数值都为 0,逻辑值为假

4.3 逻辑运算符及逻辑表达式

“假如明天没有课,并且天气很好,我们就去瘦西湖游玩”。在这里去不去瘦西湖取决于是否同时满足两个条件:① 明天没有课;② 天气很好。若不能同时满足则不去。面对这种需要对多个条件进行综合判断的情况,C 语言提供了逻辑运算符来完成复合条件的判断。

4.3.1 逻辑运算符

逻辑运算符有三种,分别是“&&”(逻辑与),“||”(逻辑或),“!”(逻辑非)。逻辑与和逻辑或为双目运算符,对于两个复合条件的比较,结果是一个逻辑值(“真”或者“假”)。表 4-4 为逻辑运算符的功能介绍。

表 4－4　逻辑运算符

优先级	目数	运算符	示例	功能	数值	口诀
高↓低	单目	!	! a	a 假,则! a 为真	1	真变假假变真
				a 真,则! a 为假	0	
	双目	&&	a&&b	a 真 b 真,则 a&&b 为真	1	二者都真才真
				a,b 任一为假,a&&b 为假	0	
		||	a||b	a 假 b 假,则 a||b 为假	0	二者都假才假
				a,b 任一为真,a||b 为真	1	

逻辑非! 的优先级最高,其次逻辑与&&,然后逻辑或||,在逻辑运算符使用时,牢记表中的口诀,便于对逻辑表达式的值进行准确判断。

4.3.2　逻辑表达式

由逻辑运算符连接起来的表达式就是逻辑表达式。逻辑表达式经常作为选择结构 if 语句中的条件表达式使用,下面举例:

(1) 假设 a、b、c 的值分别为 1、2、0,则

① if(! a)　　//条件表达式为假,值为 0

② if(a&&b) //a 和 b 都为真,条件表达式为真,值为 1

③ if(b||c) //b 和 c 中只要有一个为真,条件表达式为真,值为 1

④ if(! a&&b) //等价写成(! a)&&b,! a 为假,条件表达式为假,值为 0

⑤ if(! a||b) //等价写成(! a)||b,b 为真,条件表达式为真,值为 1

(2) 判断一个变量 x 的值是否处在区间[1,10]之间,可写成:

```
if(x>=1 && x<=10)
```

(3) 判断一个字符变量 ch 是否是英文字母,可写成:

```
if( (ch>='a'&& ch<='z')||(ch>='A'&& ch<='Z'))
```

其中||左边括号内的表达式表示 ch 是小写字母的情况,||右边括号内的表达式表示 ch 是大写字母的情况。

【案例 14】　闰年的判断。

【案例描述】

实例要求从键盘输入任意年份的整数 N,通过程序运行判断该年份是否为闰年。

【案例分析】

(1) 是闰年的话只需要满足以下条件中的任意一个:

① 该年份能被 4 整除同时不能被 100 整除;

② 该年份能被 400 整除。

(2) 整除可以使用算术运算符%，若 year 表示年份，则能被 4 整除可以用表达式 year%4==0 表示。

(3) 因此，闰年的判断可以用下面的逻辑表达式来表示：

(year%4==0 &&year%100!=0) ||(year%400==0)

【案例代码】

```
#include<stdio.h>
int main()
{
    int year;  //定义整型变量 year 用来存储年份
    printf("Please input year:");//提示语
    scanf("%d",&year);  //输入年份
    if((year%4==0 &&year%100!=0) ||(year%400==0))
    {
        printf("%d is a leap year\n",year); //用双分支选择结构判断是否闰年
    }
    else
    {
        printf("%d is not a leap year\n",year);
    }
    return 0;
}
```

【案例运行】

```
Please input year:2004
2004 is a leap year
```

```
Please input year:1999
1999 is not a leap year
```

开动脑筋想一想

上面这个例题能否不使用逻辑运算符实现?

4.4　条件运算符及条件表达式

4.4.1　条件运算符

在编写程序时往往会遇到条件判断，例如，当 a>b 成立时，执行某一个操作，当 a>b 不成立时执行另一个操作，这种情况下就需要用到条件运算符，C 语言提供了一个条件运算符：?:，其语法格式为：

```
表达式 1? 表达式 2:表达式 3
```

执行过程：

第一步　先求解表达式 1。

第二步　若表达式 1 的值为真，则求解表达式 2，此时表达式 2 的值就作为整个条件表达式的值。

第三步　若表达式 1 的值为假，则求解表达式 3，表达式 3 的值就是整个条件表达式的值。

由于需要 3 个表达式(数据)参与运算，条件运算符被称为三目运算符，也是所有运算符中唯一的三目运算符。

4.4.2　条件表达式

条件表达式就是对条件进行判断，根据条件判断结果执行不同的操作，示例代码如下：

```
int a=2,b=1,c=0;
c=(a>b? a*b:a+b);      //括号内为条件表达式
```

上述表达式中，判断 a>b 是否为真，若为真，则执行 a * b 操作，将其结果作为整个条件表达式的结果，a * b 结果为 2，因此，表达式的结果为 2。

等价代码如下：

```
int main()
{
    int a=2,b=1,c=0;
    if(a>b)
    {
        c=a*b;
    }
    else
    {
        c=a+b
```

```
    }
    printf("c=%d\n",c);
}
```

注意:条件运算符?和:是一对运算符,不能单独分开使用。

4.4.3 运算符优先级顺序

至此我们已经学习了很多常用的运算符,在计算表达式的结果时,计算原则是:

(1) 先判断优先级顺序,优先级高的先运算,优先级低的后运算;

(2) 如果运算符的优先级相同,则要遵循结合方向,自左至右还是自右至左。

在运算符优先级顺序的掌握上,给大家提供一个帮助记忆的口诀:

高低顺序前至后,算关逻来条赋逗。

还有几个比算高,加加减减感叹号。

这里的加加减减感叹号,即自增++,自减--,还有逻辑非!。

4.5 if语句的嵌套

在使用if语句中的执行部分依然是if语句时,就构成了if语句的嵌套。嵌套时出现的形式很多,如:

(1) 嵌套单分支

```
if(表达式)
{
    if(表达式)
    {
        执行语句
    }
}
```

a. 单分支内嵌套单分支

```
if(表达式)
{
    if(表达式)
    {
        执行语句
    }
}
else
{
    if(表达式)
    {
        执行语句
    }
}
```

b. 双分支各自嵌套单分支

(2) 嵌套双分支

```
if(表达式)
    {
        if(表达式)
        {
            执行语句
        }
        else
        {
            执行语句
        }
    }
```

c. 单分支内嵌套双分支

```
if(表达式)
{
    if(表达式)
    {
        执行语句
    }
    else
    {
        执行语句
    }
}
else
{
    if(表达式)
    {
        执行语句
    }
    else
    {
        执行语句
    }
}
```

d. 双分支内各自嵌套双分支

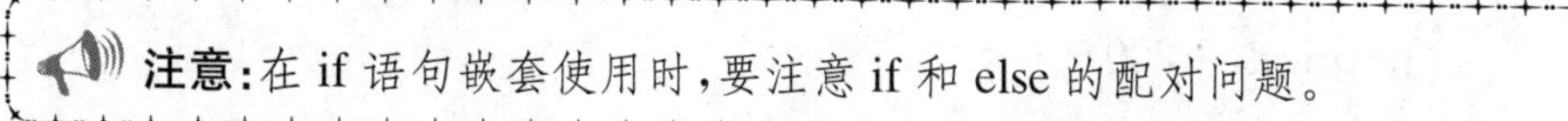
注意:在 if 语句嵌套使用时,要注意 if 和 else 的配对问题。

配对原则:else 总是与前面离它最近的且没有配对的 if 配对。

有 else 则一定有对应的 if,但是有 if 不一定有 else,如单分支结构。如果程序设计过程中的 if 与 else 的数目不一样,则可以通过加花括号来明确配对关系。若程序中没有用{}把执行语句括起来,就需要自己匹配 else 和 if。

【案例 15】 "if 嵌套"改写案例 13。

【案例描述】

使用 if 语句双分支嵌套双分支的方法,完成案例 13 的相同功能。

【案例分析】

需要把购物总价的数值区间进行分段。先以 300 为界可以分为两个区间,然后在大于等于 300 的区间范围,以 400 为界限分为两段;在小于 300 的区间范围,以 200 为界限分为两段。

【案例代码】

```
int main()
{
    int price;
    printf("Please input the price:");
    scanf("%d",&price);
    if(price>=300)
    {
        if(price>=400)
        {
            printf("优惠后的价格是:%d 元\n",price-120);
        }
        else
        {
            printf("优惠后的价格是:%d 元\n",price-80);
        }
    }
    else
    {
        if(price>=200)
        {
            printf("优惠后的价格是:%d 元\n",price-50);
        }
        else
        {
            printf("不符优惠条件,购物总价是:%d 元\n",price);
        }
    }
    return 0;
}
```

【案例运行】

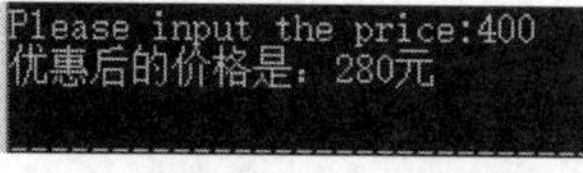

Please input the price:400
优惠后的价格是：280元


```
Please input the price:300
优惠后的价格是：220元
```

```
Please input the price:200
优惠后的价格是：150元
```

```
Please input the price:100
不符优惠条件，购物总价是：100元
```

4.6　switch 语句实现多分支选择

除 if 语句外，switch 语句是可以实现多分支选择结构的另一种形式。

语法格式如下：

```
switch(表达式)
{
    case 常量 1：  语句 1 或空；break；
    case 常量 2：  语句 2 或空；break；
        ……
    case 常量 n：  语句 n 或空；break；
    [default：语句 n+1 或空；]
}
```

执行过程：

第一步　计算 switch 后()内表达式的值，然后用该值依次跟每个 case 分支后的常量值做比较，看是否相等。

第二步　表达式的值若等于常量 1，则执行常量 1 后面的语句，至 break 结束，后面其他分支均跳过不再执行，switch 语句执行结束，程序继续下行。

第三步　表达式的值若不等于常量 1，则跳过分支 1 后的执行语句部分，继续与常量 2 的值比较。如此重复。

第四步　若前面 n 个分支中的常量与表达式的值都不等，则直接执行默认分支 default 后的对应的执行语句。

执行流程：

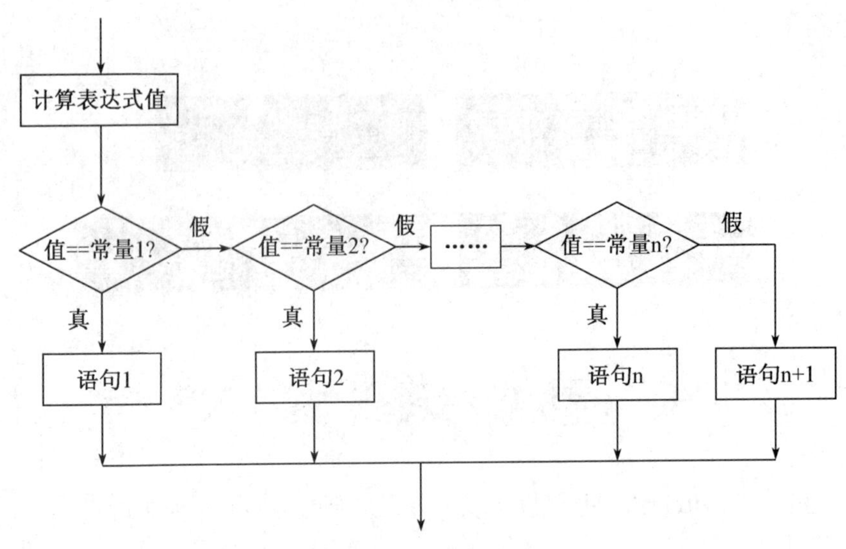

图 4-4 switch 语句执行流程

注意:

(1) switch 后面是一个常量表达式,只能是整型、字符型或枚举类型。

(2) switch 后的{}中可以有任意数量的 case 语句。每个 case 后跟一个要比较的值和一个冒号。

(3) case 后面的常量必须与 switch 中的变量具有相同的数据类型,且必须是一个常量或字符型变量。

(4) 当被测试的变量等于 case 中的常量时,case 后跟的语句将被执行,直到遇到 break 语句为止。

(5) 当遇到 break 语句时,switch 终止,控制流将跳转到 switch 语句后的下一行。

(6) 不是每一个 case 都需要包含 break。如果 case 语句不包含 break,控制流将会继续执行下一个 case 分支对应执行语句,直到遇到 break 为止。

(7) default 分支不是必须有的。

【案例 16】 校园自动售货机。

【案例描述】

校园自动贩卖机可以根据用户的选择和用户投入的钱币自动售货,在生活中国随处可见。本案例通过编程模拟一个简单的饮料自动贩卖机,贩卖机内有三种饮料,分别是咖啡、茶、可乐。首先在屏幕上显示贩卖的饮料列表,并提示用户选择对应的序号,当用户输入序号后,屏幕对应输出用户选择了哪一种饮料。

【案例分析】

(1) 先用 printf 函数,设计商品的饮料列表界面。

(2) 当用户输入从 1—3 之间选择的序号后,通过 switch 语句分别对应输出不同的提示。

【案例代码】

```
#include<stdio.h>
int main()
{
    int drink;
    printf("*******************\n");
    printf("**    Choose One     **\n");
    printf("**    1.Coffee       **\n");
    printf("**    2.Tea          **\n");
    printf("**    3.Coca-Cola    **\n");
    printf("*******************\n");//设计商品列表
    printf("Please 1 or 2 or 3:");
    scanf("%d",&drink);//用户输入选择的序号
    switch(drink)
    {
        case 1:printf("The Coffee is chosen \n");break;
        case 2:printf("The Tea is chosen\n");break;
        case 3:printf("The Coca-Cola is chosen\n");break;
        default: printf(" ERROR\n");
    }
    return 0;
}
```

【案例运行】

```
*******************
**   Choose One     **
**   1.Coffee       **
**   2.Tea          **
**   3.Coca-Cola    **
*******************
Please 1 or 2 or 3:1
The Coffee is chosen
```

```
*******************
**   Choose One     **
**   1.Coffee       **
**   2.Tea          **
**   3.Coca-Cola    **
*******************
Please 1 or 2 or 3:4
 ERROR
```

【案例17】 “switch语句”改写案例13。

【案例描述】

使用switch语句来实现案例13相同功能,增加前提条件:假设用户消费不超过500元。

【案例分析】

案例13中的四种情况需要对应switch中四个分支中的常量,因此需要将输入的价格值进行转化,转化后的值能对应这四个常量。如果价格用price表示,那么让price整除100后的值,是0—4之间的整数。

【案例代码】

```
#include<stdio.h>
int main()
{
    int price,t;      //定义整型变量price保存用户购物总价
    printf("Please input price:");
    scanf("%d",&price);
    t=price/100;
    if(price>=500)
        t=5;
    switch(t)
    {
        case 5:
        case 4:printf("优惠后的价格是:%d元\n",price-120); break;
        case 3:printf("优惠后的价格是:%d元\n",price-80); break;
        case 2:printf("优惠后的价格是:%d元\n",price-50); break;
        default: printf("不符优惠条件,购物总价是:%d元\n",price);
    }
    return 0;
}
```

【案例实现】

```
Please input price:200
优惠后的价格是：150元
```

```
Please input price:150
不符优惠条件，购物总价是：150元
```

4.7 【章节案例四】一卡通的钱还够不够吃一顿大餐？

【案例描述】

周末了，你想请舍友到食堂三楼吃一顿大餐，改善伙食。食堂三楼推出 4—6 人的套餐有 3 种规格：

A. 三荤两素一汤，价格 150 元

B. 四荤三素一汤，价格 200 元

C. 六荤三素一汤，价格 280 元

要求编写程序，首先展示欢迎界面，然后提示输入用户卡内余额，程序根据余额多少在屏幕输出用户可选的套餐种类，用户选择套餐种类后，程序提示用户选择了哪种套餐，以及扣除套餐费用后卡内余额还剩多少。

【案例分析】

(1) 首先使用 printf()函数设计欢迎界面，并提示用户输入卡内余额。

(2) 然后可以使用多分支 if 语句，根据卡内余额值给用户不同的套餐选择，并提示用户输入对应的套餐选项。

(3) 使用 switch 语句进行选择套餐种类，种类确定后提示用户确认选择，并提示用户消费后的卡内余额数值。

【案例代码】

```
#include<stdio.h>
int main()
{
    int Balance;
    char choose;
    printf("********************** 欢迎光临 **********************\n\n");
    printf("现推出 4—6 人套餐,性价比超高!\n\n");
    printf("请先输入您的卡内余额:\n");
    scanf("%d",&Balance);
    if(Balance>= 280)
    {
        printf("\n\n 您的余额可以支持的套餐有:\n\n");
        printf("A. 三荤两素一汤,价格 150 元\n\n");
        printf("B. 四荤三素一汤,价格 200 元\n\n");
```

```
        printf("C.六荤三素一汤,价格 280 元\n\n");
        printf("请输入您的选择,A or B or C\n");
        getchar();
        scanf("%c",&choose);
        switch(choose)
        {
            case 'A': printf("您选了套餐 A,\
            餐后您的余额将剩余%d 元\n",Balance - 150);break;
            case 'B': printf("您选了套餐 B,\
            餐后您的余额将剩余%d 元\n",Balance - 200);break;
            case 'C':printf("您选了套餐 C,\
            餐后您的余额将剩余%d 元\n",Balance - 280);break;
            default: printf("无效的选择!\n");
        }
    }
    else if(Balance>= 200)
    {
        printf("\n\n 您的余额可以支持的套餐有:\n\n");
        printf("A.三荤两素一汤,价格 150 元\n\n");
        printf("B.四荤三素一汤,价格 200 元\n\n");
        printf("请输入您的选择,A or B \n");
        getchar();
        scanf("%c",&choose);
        switch(choose)
        {
            case 'A': printf("您选了套餐 A,\
            餐后您的余额将剩余%d 元\n",Balance - 150);break;
            case 'B': printf("您选了套餐 B,\
            餐后您的余额将剩余%d 元\n",Balance - 200);break;
            default: printf("无效的选择!\n");
        }
    }
    else if(Balance>= 150)
    {
        printf("\n\n 您的余额可以支持的套餐有:\n\n");
        printf("A.三荤两素一汤,价格 150 元\n\n");
        printf("是否选择,是输入 y,否输入 n:\n");
```

```
            getchar();
            scanf("%c",&choose);
            switch(choose)
            {
                case 'y': printf("您选了套餐 A,\
                餐后您的余额将剩余%d 元\n",Balance - 150);break;
                case 'n': printf("您不准备选套餐,\
                您的余额将剩余%d 元\n",Balance);break;
                default: printf("无效的选择!\n");
            }
        }
        else
        {
            printf("您卡内余额不足以选择 4—6 人套餐,请看看其他的吧!\n");
        }
        return 0;
    }
```

【案例运行】

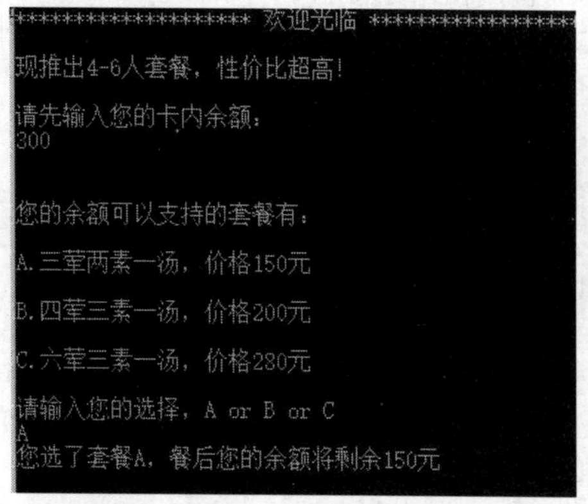


```
******************** 欢迎光临 ********************
现推出4-6人套餐，性价比超高!
请先输入您的卡内余额:
200
您的余额可以支持的套餐有:
A.三荤两素一汤，价格150元
B.四荤三素一汤，价格200元
请输入您的选择，A or B
B
您选了套餐B，餐后您的余额将剩余0元
--------------------------------
```

4.8 习　题

一、填空题

1. if 语句的三种分支结构是：________、________、________。
2. 执行下面程序后，变量 b 的值是________。

```
int main()
{
    int x=35;
    char z='A';
    int b;
    b=((x>15)&&(z>'a'));
    printf("%d",b);
    return 0;
}
```

3. 下面程序运行后,如果输入12后回车,则程序输出结果是________。

```
int main()
{
    int x,y;
    scanf("%d",&x);
    y=x>12? x+5:x-5;
    printf("%d\n",y);
    return 0;
}
```

4. 下面程序运行后,如果输入3后回车,则程序输出结果是________。

```
int main()
{
    int m;
    scanf("%d",&m);
    switch(m+1)
    {
        case 2:printf("%d,",m+2);
        case 4:printf("%d,",m+4);
        default:printf("%d\n",m);
    }
    return 0;
}
```

5. 下面程序运行后,程序输出结果是________。

```
int main()
{ int x=3,y=5;
    if(x%2==1)
```

```
    {x += 10; }
    else
    {if(y%2!= 0)
        {y += 10;}
    }
y ++ ;
    printf("%d,%d\n",x,y);
}
```

6. 从键盘输入一个 3 位正整数,求该整数各位上的数字及它们的和。

7. 从键盘输入某位同学的各科成绩,数学(sx)、英语(yy)、计算机(jsj),要求判断该同学是否有不及格成绩,如有,则输出不及格课程名称和成绩,否则不输出。

8. 给出一个百分制成绩,要求输出成绩等级 'A'、'B'、'C'、'D'、'E'。90 分以上为 'A',80—89 分为 'B',70—79 分为 'C',60—69 分为 'D',60 分以下为 'E'。

9. 输入两个正整数 m 和 n,求其最大公约数和最小公倍数。

第5章 循环结构程序设计

通过前面两节的学习，我们已经掌握了顺序结构、分支结构程序设计方法，本章我们继续学习另外一种程序设计方法——循环结构。

在很多实际问题中经常遇到具有规律性的重复运算，因此，在程序中就需要将某些语句重复执行。一组重复执行的语句称为循环体，每一次重复都必须做出继续重复还是停止执行的决定，决定所依据的条件称为循环的控制条件。这种重复语句就是程序中的另一种重要的基本结构，即循环结构。

C语言中的重复语句有三种类型：for 循环语句、while 循环语句和 do～while 循环语句，另外还可以用转向语句 goto 和 if 语句实现循环控制。由于 goto 语句允许把控制无条件转移到同一函数内被标记的语句，因此，在任何编程语言中，都不建议使用 goto 语句。因为它使得程序的控制流难以跟踪，使程序难以理解和难以修改，再加上任何使用 goto 语句的程序都可以改写成不需要使用 goto 语句的写法，因此，本书将不再介绍 goto 语句的用法，而将重点介绍三种循环语句的语法格式和使用方法。

5.1 while 语句

while 语句用来实现“当型”循环结构。

1. while 语句一般格式

```
while(表达式)
{
    循环体;
}
```

其中表达式称为循环条件，循环体由一条或多条语句组成。为便于初学者理解，可以读作“当(循环)条件成立时，执行循环体”。

说明：

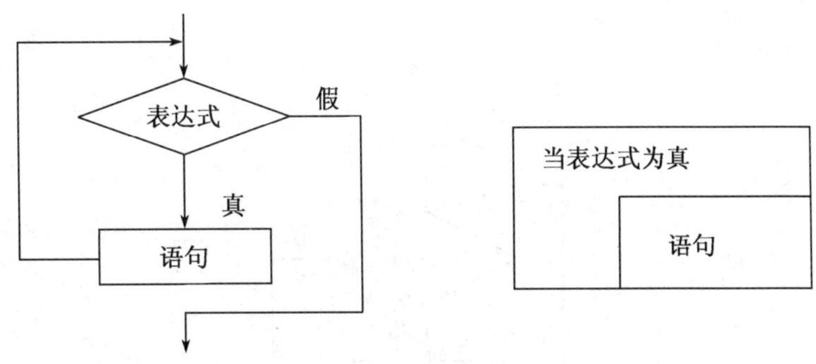

图 5-1　while 循环结构

第一步　循环体如果包含一个以上的语句，应该用“{ }”括起来，以复合语句形式出现，否则 while 语句的范围只到 while 后面的第一个分号处。

第二步　在循环体中应有使循环趋向于结束的语句，以避免“无限循环”的发生。

2. while 语句执行过程

第一步　计算 while 后的表达式，若其值非零，则转向第二步；否则退出该循环结构，去执行该结构的后继语句。

第二步　执行循环体，循环体执行完毕，重复进行第一步。

while 语句的传统流程图、N-S 图见图 5-1 所示。

注意：

while 语句的特点是先计算表达式的值，然后根据表达式的值决定是否执行循环体中的语句。因此，若表达式的值一开始就为零，那么循环体一次也不执行。

【案例 18】　累加计算(while)。

【案例描述】

使用 while 语句来计算等差数列 1,2,3,4,…,一直到 100 的和。

【案例分析】

计算等差数列的和的时候，可以推导公式来进行计算，而编写程序来进行计算时，对于这种有规律的数据的计算，只需找出规律，就能够利用计算机不怕麻烦，可以多次快速重复执行语句的特性，使用最简单的累加法来进行计算。

本例用变量 i 表示待累加的变量的值，变量 sum 表示累加和，算法表示如下。

S1：i ⇐ 1，sum ⇐ 0

S2：如果 i<=100，则 sum = sum + i，i = i + 1，否则算法结束。

S3:返回 S2,继续执行。

传统流程图如图 5-2 所示。

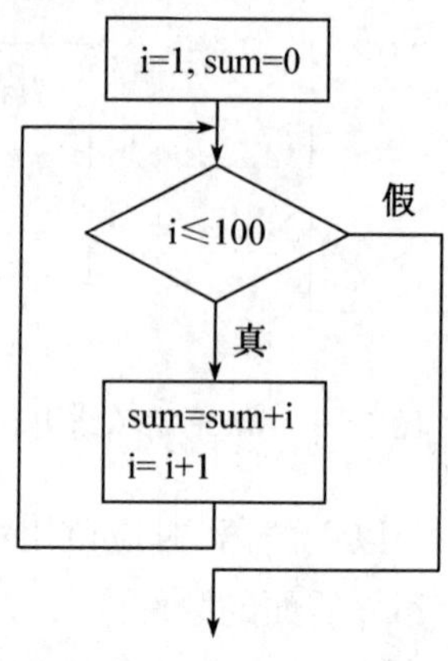

图 5-2 案例 18 流程图

【案例代码】

```
#include<stdio.h>
int main()
{
    int i=1,sum=0;  //i 称为循环变量,sum 称为累加器
    while(i<=100)
    {
        sum=sum+i;
        i=i+1;
    }
    printf("sum=%d\n",sum);
    return 0;
}
```

【案例运行】

```
sum=5050
```

开动脑筋想一想

现在需要累加 100 以内所有的奇数的和,思考如何处理?

5.2　do...while 语句

do～while 结构是另一种循环结构。

1. do～while 语句一般格式

```
do
{
    循环体;
}
while(表达式);
```

2. do～while 语句执行过程

先执行一次循环体,然后判别表达式,当表达式为真时,返回重新执行循环体,如此反复,直到表达式的值为假,退出循环结构。

do～while 语句的传统流程图、N-S 流程图如图 5-3 所示。

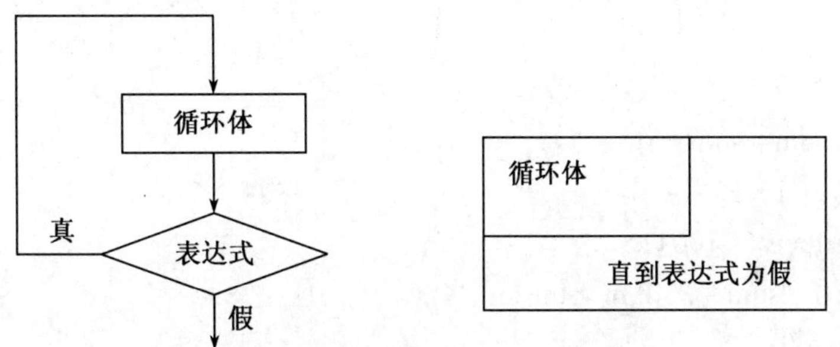

图 5-3　do～while 语句流程图

【案例 19】　累加计算(do～while)。

【案例描述】

使用 do～while 语句来计算等差数列 1,2,3,4,…,一直到 100 的和。

【案例分析】

本例用 do～while 循环结构。当 i<=100 时执行循环体;当 i>100 时则结束循环体,然后转至后续语句执行。传统流程图如图 5-4 所示。

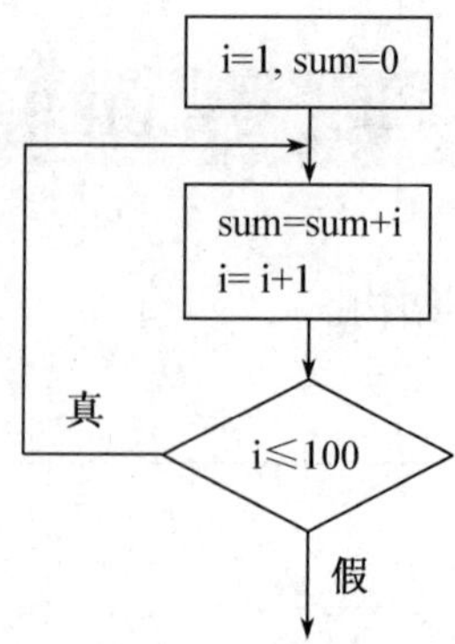

图 5-4　案例 19 流程图

【案例代码】

```
#include<stdio.h>
int main()
{
    int i=1,sum=0;
    do
    {
        sum=sum+i;
        i=i+1;
    }while(i<=100);
    printf("sum=%d\n",sum);
    return 0;
}
```

【案例运行】

```
sum=5050
```

do～while 与 while 的比较：

(1) 用 do～while 语句时，至少要执行一次循环体。而 while 语句先判断表达式的值，若为假，则跳出循环，因此，可能循环体一次也不执行。

(2) 两个语句中的循环体基本相同。

(3) 循环变量初始化都在循环体前。

(4) 循环体语句中都应该有使循环趋向于结束的语句。

针对以上四点的比较，同学们在应用时可选择适合自己的结构。

开动脑筋想一想

能不能举例一种情况，用 while 和 do～while 语句结果是不同的？

5.3　for 语句

C 语言中的 for 语句功能十分强大，使用也最为灵活，不仅可以用于循环次数已经确定的情况，而且可以用于循环次数不确定而只给出循环结束条件的情况。

1. for 语句的一般格式

```
for(表达式 1;表达式 2;表达式 3)
{
    循环体;
}
```

2. for 语句执行过程

第一步　计算表达式 1。

第二步　计算表达式 2，若其值为非 0(循环条件成立)，转到第三步执行循环体；若其值为 0(循环条件不成立)，则转到第五步结束循环。

第三步　执行循环体。

第四步　计算表达式 3，然后转到第二步。

第五步　结束循环，执行 for 循环结构的后继语句。

for 语句的传统流程图、N-S 流程图如图 5－5 所示。

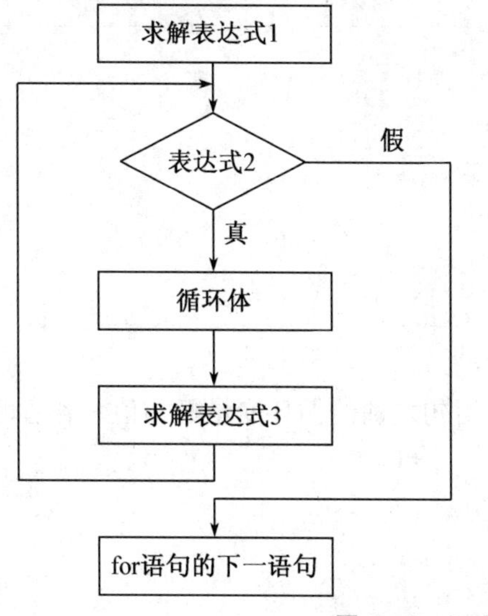

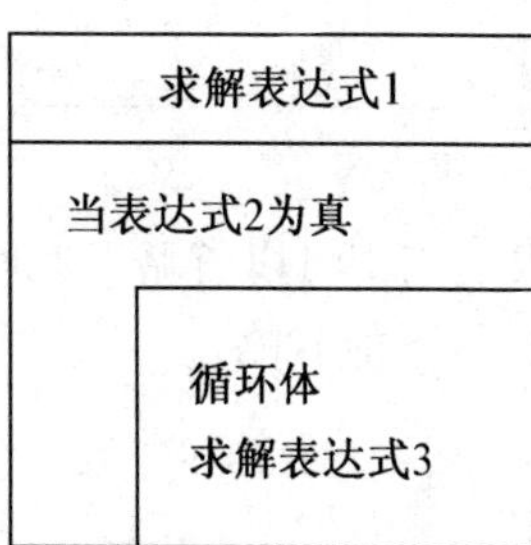

图 5－5　for 语句流程图

注意：

表达式1的作用是为变量置初值，表达式2的作用是进行条件判断，表达式3的作用是修改表达式2的值，因此分别被称为初始化表达式、条件表达式和修正表达式。

for语句最简单的应用形式也就是最易理解的形式：

```
for(循环变量赋初值;循环条件;循环变量增值)
{
    循环体;
}
```

例如：

```
for(i=1;i<=100;i++)
{
    sum=sum+i;
}
```

它的执行过程与下列语句完全等价：

```
i=1;
while(i<=100)
{     sum=sum+i;
      i++;
}
```

显然，用for语句简单、方便。对于以上for语句的一般形式也可以改写为while循环的形式：

```
表达式1;
while(表达式2)
{
    循环体;
    表达式3;
}
```

说明：

(1) 表达式1可以省略。此时应在for语句之前给循环变量赋初值。若省略表达式1，其后的分号不能省略。

例如：

```
i=1;sum=0;
for(;i<=100;i++)  //分号不能省
    sum=sum+i;
```

(2) 表达式 2 可以省略，即不判断继续条件，循环无终止进行下去。也就是认为表达式 2 始终为真。这时候，需要在循环体中有跳出循环的控制语句。

例如：

```
for(i=1;;i++)
{
    sum=sum+i;
    if(i>100)
        break;
}
```

(3) 表达式 3 可以省略，但此时程序员应另外设法保证循环正常结束。

例如：

```
for(i=1;i<=100;)
{
    sum=sum+i;
    i++;
}
```

(4) 表达式 1 和表达式 3 可同时省略。

例如：

```
for(;i<=100;)
{
    sum=sum+i;
    i++;
}
```

(5) 三个表达式都可省略。即不设初值，不判断条件，循环变量不增值，无终止执行循环体，但此时程序员应另外设法保证循环正常结束。

例如：

```
for(;;)
{
    sum=sum+i;
    i++;
    if(i>100)
```

```
            break;
    }
```

(6) 表达式1可以是设置循环变量初值的赋值表达式,也可以是与循环变量无关的其他表达式。

例如:

```
    i=1;
    for(sum=0;i<=100;i++)
        sum=sum+i;
```

(7) 表达式2一般是关系表达式或逻辑表达式,但也可以是数值表达式或字符表达式,只要其值为真,就执行循环体。

例如:

```
    for(;'\n';)
        printf("回车\n");
```

从上面的介绍可知,for语句形式非常灵活,功能也非常强大,可以把循环体和一些与循环控制无关的操作也作为表达式1或表达式3出现,这样程序可以短小简洁。但过分地利用这一点会使for语句显得杂乱,可读性降低,建议不要把与循环控制无关的内容放到for语句中,程序的可读性是我们追求的重要指标之一。

【案例20】 从头到尾。

【案例描述】

键盘输入一个正整数,逆序输出各位数码,并输出该整数的位数。比如123,则能够输出3,2,1并输出“这是一个3位数”。

【案例分析】

逆序输出整数n的各位数码,需要依次求出其个位、十位等。可通过n%10求n的个位,同时得到商n/10,用同样的方法求商的个位便得到原整数的十位等等,重复进行下去直到当前的商为零为止。而求整数n的位数,只需在上述求解过程中,设置一个计算器,其初值为0,每求出一个数码计数器加1,求解过程结束时计数器中存放的便是整数的位数。

【案例代码】

```
    #include<stdio.h>
    int main()
    {
```

```
    int k,m,n;    //k 是输入的正整数,m 表示当前商 n 的个位
    int i=0;  //i 为计数器,初值设置为 0
    printf("请输入一个正整数:\n");
    scanf("%d",&k);
    for(n=k;n!=0;n=n/10)
    {
        m=n%10;
        i++;
        printf("%d\n",m);
    }
    printf("此数是一个%d 位数。\n",i);
    return 0;
}
```

【案例运行】

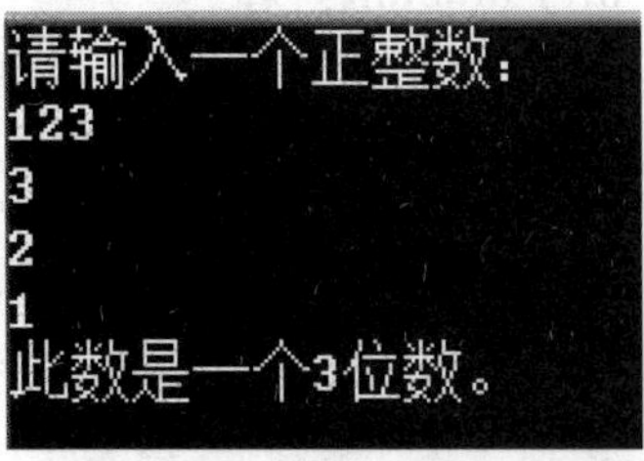

5.4　break 语句

break 语句只能用在 switch 语句或循环语句中。

其一般形式为:

```
break;
```

其作用是跳出 switch 语句或跳出本层循环,转去执行后面的程序。由于 break 语句的转移方向是明确的,所以不需要语句标号与之配合。

【案例 21】　慈善募捐。

【案例描述】

学院一共 2 000 人,需要慈善募捐 100 000 元,募捐总数达到就结束,统计一共多少人进行了募捐,计算每人捐款数目。

【案例分析】

根据描述可以用循环来处理。实际循环的次数不能确定，可以取最大值 2 000，在循环体中累计捐款总数，并用 if 语句检查是否达到 10 万元，如果达到就不再继续执行循环，终止累加，并计算人均捐款数。

【案例代码】

```
#include <stdio.h>
#define SUM 100000
int main()
{
    float amount,aver,total;
    int i;
    for (i=1,total=0;i<=2000;i++ )
    {
        printf("please enter amount:");
        scanf("%f",&amount);
        total= total+amount;
        if (total>=SUM) break;
    }
    aver=total/i;
    printf("num=%d\naver=%10.2f\n",i,aver);
    return 0;
}
```

【案例运行】

```
please enter amount:2600
please enter amount:36520
please enter amount:12541
please enter amount:22415
please enter amount:23654
please enter amount:11243
num=6
aver=   18162.17

--------------------------------
Process exited with return value 0
Press any key to continue . . .
```

5.5　continue 语句

continue 语句只能用在循环体中，其一般形式为：

```
continue;
```

其作用是：结束本次循环，即不再执行循环体中 continue 语句之后的语句，转入下一次循环条件的判断与执行。应注意的是，本语句只结束本层本次的循环，并不跳出循环。

【案例 22】　我要找到你。

【案例描述】

从 100 到 1 000 之间，找出不能被 3 整除的数进行输出。

【案例分析】

要对 100 到 1 000 之间的每一个整数进行检查，如果不能被 3 整除，就将此数输出，若能被 3 整除，就不输出。一直到检查到 1 000 为止。

【案例代码】

```
#include <stdio.h>
int main()
{int n;
 for (n=100;n<=200;n++)
    {if (n%3==0)
         continue;
     printf("%d  ",n);
    }
 printf("\n");
 return 0;
}
```

【案例运行】

```
100  101  103  104  106  107  109  110  112  113  115  116  118  119  121  122  124  125  127  128  130  131  133  134
136  137  139  140  142  143  145  146  148  149  151  152  154  155  157  158  160  161  163  164  166  167  169  170
172  173  175  176  178  179  181  182  184  185  187  188  190  191  193  194  196  197  199  200  202  203  205  206
208  209  211  212  214  215  217  218  220  221  223  224  226  227  229  230  232  233  235  236  238  239  241  242
244  245  247  248  250  251  253  254  256  257  259  260  262  263  265  266  268  269  271  272  274  275  277  278
280  281  283  284  286  287  289  290  292  293  295  296  298  299  301  302  304  305  307  308  310  311  313  314
316  317  319  320  322  323  325  326  328  329  331  332  334  335  337  338  340  341  343  344  346  347  349  350
352  353  355  356  358  359  361  362  364  365  367  368  370  371  373  374  376  377  379  380  382  383  385  386
388  389  391  392  394  395  397  398  400  401  403  404  406  407  409  410  412  413  415  416  418  419  421  422
424  425  427  428  430  431  433  434  436  437  439  440  442  443  445  446  448  449  451  452  454  455  457  458
460  461  463  464  466  467  469  470  472  473  475  476  478  479  481  482  484  485  487  488  490  491  493  494
496  497  499  500  502  503  505  506  508  509  511  512  514  515  517  518  520  521  523  524  526  527  529  530
532  533  535  536  538  539  541  542  544  545  547  548  550  551  553  554  556  557  559  560  562  563  565  566
568  569  571  572  574  575  577  578  580  581  583  584  586  587  589  590  592  593  595  596  598  599  601  602
604  605  607  608  610  611  613  614  616  617  619  620  622  623  625  626  628  629  631  632  634  635  637  638
640  641  643  644  646  647  649  650  652  653  655  656  658  659  661  662  664  665  667  668  670  671  673  674
676  677  679  680  682  683  685  686  688  689  691  692  694  695  697  698  700  701  703  704  706  707  709  710
712  713  715  716  718  719  721  722  724  725  727  728  730  731  733  734  736  737  739  740  742  743  745  746
748  749  751  752  754  755  757  758  760  761  763  764  766  767  769  770  772  773  775  776  778  779  781  782
784  785  787  788  790  791  793  794  796  797  799  800  802  803  805  806  808  809  811  812  814  815  817  818
820  821  823  824  826  827  829  830  832  833  835  836  838  839  841  842  844  845  847  848  850  851  853  854
856  857  859  860  862  863  865  866  868  869  871  872  874  875  877  878  880  881  883  884  886  887  889  890
892  893  895  896  898  899  901  902  904  905  907  908  910  911  913  914  916  917  919  920  922  923  925  926
928  929  931  932  934  935  937  938  940  941  943  944  946  947  949  950  952  953  955  956  958  959  961  962
964  965  967  968  970  971  973  974  976  977  979  980  982  983  985  986  988  989  991  992  994  995  997  998
1000

--------------------------------
Process exited with return value 0
Press any key to continue . . .
```

注意：

(1) continue 语句只结束本次循环，而不是终止整个循环的执行；break 语句则是终止整个循环。

(2) 循环嵌套时，break 和 continue 只影响包含它们的最内层循环，与外层循环无关。

5.6 循环的嵌套

在解决问题的时候往往会发现使用一个循环语句是不够的，需要在循环语句中再包含一个或多个循环语句才能解决问题。这种一个循环体内又包含另一个完整的循环结构，称为循环的嵌套。内嵌的循环中还可以嵌套循环，这就是多层循环。C 语言中的三种循环可以自身嵌套也可以互相嵌套。例如下面几种形式都是合法的形式：

(1)
```
while ( )
{……
    while ( )
      {……}
}
```

(2)
```
while ( )
{……
do
    {……}
 while ( );
 ……
}
```

```
(3) do
    {……
        do
        {……}
        while (   );
    }
    while (   );
```

```
(4) for(;;)
    {……
        while ( )
         {……}
    ……
    }
```

```
(5) for (;;)
    {
        for(;;)
            {……}
    }
```

```
(6) do
    {
    ……
        for (;;)
            {……}
    }
    while (   );
```

【案例 23】　计算宿舍同学成绩平均分。

【案例描述】

宿舍有 4 位同学，大一上学期每人都上了高等数学、大学英语、信息技术三门必修课，要求输入每个同学每门课的成绩，计算并输出每个人的平均成绩。

【案例分析】

用双层循环来解决这个问题。外层循环用来处理 4 个学生，内层循环用来处理每个学生的 3 门课成绩，流程图见图 5－6 所示。

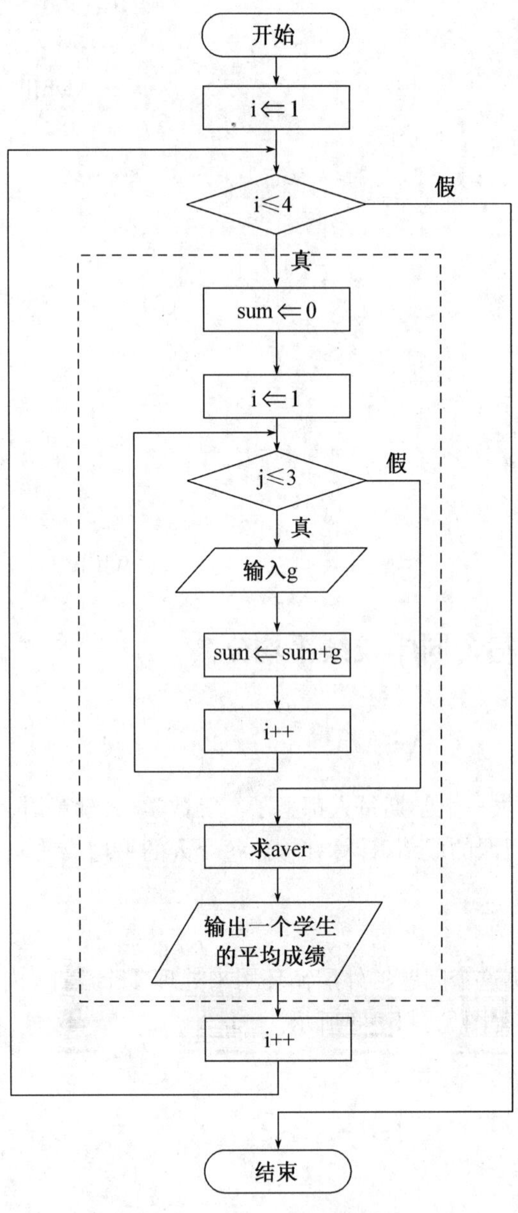

图 5-6 案例 23 流程图

【案例代码】

```
#include<stdio.h>
int main()
{
    for (int i=1;i<=4;i++)
    {
```

```
            float sum = 0;
            for(int j = 1;j<= 3;j ++ )
            {
                float g;
                printf("请输入第 %d 个学生的第 %d 门课程的考分:",i,j);
                scanf("%f", &g);
                sum = sum + g;
            }
            float aver = sum/3;
            printf("第 %d 个学生的平均成绩是:%.1f \n",i,aver);
        }
        return 0;
    }
```

【案例运行】

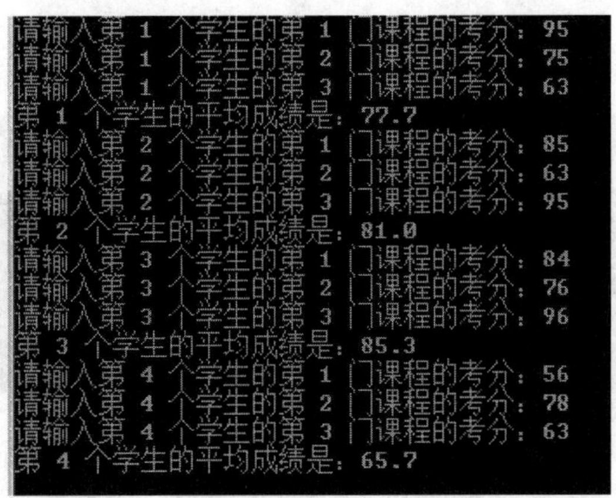

【案例 24】　九九乘法表。

【案例描述】

左下三角形式的的九九乘法表，即第一行输出一列 1 * 1 = 1，第二行输出两列 1 * 2 = 2 和 2 * 2 = 4，一直到第九行输出九列表达式。

【案例分析】

可以双层循环来解决输出有规律图案的问题，外层循环用来控制图形的行数，内层循环用来控制每一行的列数，内层循环体用来打印每一列的具体内容。对于乘法表来说，外层循环一共循环 9 次，输出 9 行，每次内层循环打印的列数和当前的行数一致，每次打印的内容均为当前列数＊当前行数=对应的积。

【案例代码】

```
#include<stdio.h>
int main()
{
    int i,j;
    for(i=1;i<=9;i++)
        {
            for(j=1;j<=i;j++)
                printf("%d*%d=%-2d ",j,i,j*i);
            printf("\n");
        }
    return 0;
}
```

【案例运行】

```
1*1=1
1*2=2  2*2=4
1*3=3  2*3=6  3*3=9
1*4=4  2*4=8  3*4=12 4*4=16
1*5=5  2*5=10 3*5=15 4*5=20 5*5=25
1*6=6  2*6=12 3*6=18 4*6=24 5*6=30 6*6=36
1*7=7  2*7=14 3*7=21 4*7=28 5*7=35 6*7=42 7*7=49
1*8=8  2*8=16 3*8=24 4*8=32 5*8=40 6*8=48 7*8=56 8*8=64
1*9=9  2*9=18 3*9=27 4*9=36 5*9=45 6*9=54 7*9=63 8*9=72 9*9=81
```

5.7 【章节案例五】一卡通请宿舍舍友到餐厅吃饭

【案例描述】

周末了,你想请宿舍几个同学到食堂点餐撮一顿。食堂推出了多种单人套餐:

A 套餐,价格 15 元

B 套餐,价格 18 元

C 套餐,价格 20 元

D 套餐,价格 25 元

E 套餐,价格 30 元

F 套餐,价格 35 元

要求帮食堂编写一个点餐程序,首先展示欢迎界面和菜单,然后提示输入用户卡内余额，然后开始循环点餐，程序提示用户已经点了哪些套餐，以及扣除套餐费用后卡内余额还剩多少。如果卡上剩下的钱不够点选择的套餐，要给出提示，并且要提供退出点餐的选择。

【案例分析】

首先使用 printf()函数设计欢迎界面，并提示用户输入卡内余额。然后可以使用循环嵌套多分支 if 语句的方式进行点餐，并通过 break 和 continue 语句对程序进行控制。

【案例代码】

```
#include<stdio.h>
int main()
{
    int balance;
    char choose;
    printf("********************** 欢迎光临 ********************** \n\n");
    printf("现推出以下单人套餐,性价比超高,欢迎选择!\n\n");
    printf("A 套餐,价格 15 元\n");
    printf("B 套餐,价格 18 元\n");
    printf("C 套餐,价格 20 元\n");
    printf("D 套餐,价格 25 元\n");
    printf("E 套餐,价格 30 元\n");
    printf("F 套餐,价格 35 元\n");
    printf("**************************************************** \n");
    printf("请先输入您的卡内余额:\n");
    scanf("%d",&balance);
    while(1)
    {
        printf("请输入你要点的套餐的字母,输入 Q 退出:");
        getchar();
        char choice = getchar();
        int money;
        if(choice == 'A')
        {
            money = 15;
        }
        else if(choice == 'B')
        {
```

```
        money=18;
    }
    else if(choice=='C')
    {
        money=20;
    }
    else if(choice=='D')
    {
        money=25;
    }
    else if(choice=='E')
    {
        money=30;
    }
    else if(choice=='F')
    {
        money=35;
    }
    else if(choice=='Q')
    {
        printf("点餐结束\n");
        break;
    }
    else
    {
        printf("输入错误,请重新选择!\n");
        continue;
    }
    if(balance-money>=0)
    {
        balance=balance-money;
        printf("你已经点了%c 套餐,余额还剩%d\n",choice,balance);
    }
    else
    {
        printf("卡上余额不足,不能点%c 套餐!\n",choice);
    }
```

```
    }
    return 0;
}
```

【案例运行】

```
******************** 欢迎光临 ********************
现推出以下单人套餐，性价比超高，欢迎选择！
A套餐，价格15元
B套餐，价格18元
C套餐，价格20元
D套餐，价格25元
E套餐，价格30元
F套餐，价格35元
**************************************************
请先输入您的卡内余额：
55
请输入你要点的套餐的字母，输入Q退出：A
你已经点了A套餐，余额还剩40
请输入你要点的套餐的字母，输入Q退出：<
输入错误，请重新选择！
请输入你要点的套餐的字母，输入Q退出：B
你已经点了B套餐，余额还剩22
请输入你要点的套餐的字母，输入Q退出：D
卡上余额不足，不能点D套餐！
请输入你要点的套餐的字母，输入Q退出：C
你已经点了C套餐，余额还剩2
请输入你要点的套餐的字母，输入Q退出：Q
点餐结束
```

5.8 习　题

1. 选择题

(1) 设有程序段：

```
{
    int x=10;
    while (x=0) x=x-1;
}
```

则下面描述中正确的是(　　)。

A. while 循环执行 10 次　　B. 循环是无限循环

C. 循环体语句一次也不执行　　D. 循环体语句只执行一次

(2) 以下关于 do……while 循环的不正确描述是(　　)。

A. do……while 的循环体至少执行 1 次

B. do……while 循环由 do 开始，用 while 结束，在 while (表达式)后面不能写分号

C. 在do……while循环体中,一定要有使while后面表达式的值变为零("假")的操作

D. do……while循环体可以是复合语句

(3) 设x,y均是int类型变量,且x值为100,则关于以下for循环的正确判断是(　　)。

```
for (y=100; x!=y; ++x,y++)
    printf("****\n");
```

A. 循环只执行一次　　B. 是无限循环

C. 循环体一次也不执行　　D. for语句中存在语法错误

(4) 以下关于for循环的正确描述是(　　)。

A. for循环只能用于循环次数已经确定的情况

B. for循环是先执行循环体语句,后判断表达式

C. 在for循环中,不能用break语句跳出循环体

D. for循环的循环体语句中,可以包含多条语句,但必须用花括号括起来

(5) 语句for(表达式1;;表达式3)等价于(　　)。

A. for(表达式1;0;表达式3)　　B. for(表达式1;1;表达式3)

C. for(表达式1;表达式1;表达式3)　　D. for(表达式1;表达式3;表达式3)

2. 填空题

(1) 以下程序的运行结果为________。

```
#include<stdio.h>
int main()
{
    int j=5;
    while(j<=15)
        if(++j%2!=1) continue;
        else printf("%j\n",j);
    return 0;
}
```

(2) 下面程序段的功能是统计从键盘输入的字符中的数字字符个数,用换行符'\n'结束循环,请填空。

```
int n=0,c;
c=getchar();
while(________)
{
    if(________) n++;
    c=getchar();
}
```

(3) 下面程序段的运行结果是________。

```
x=2;
do
{printf("*"); x--;}
while(! x==0);
```

(4) 设鸡兔共30只,脚共有90只,下面程序段是计算鸡兔各有多少只,请填空。

```
for (x=1;x<=29;x++)
{
    y=30-x;
    if (________)
        printf("%d,%d\n",x,y);
}
```

3. 编程题

(1) 求自然数n的阶乘n!,其中n由用户通过键盘输入。运行所编写的程序,用户输入13或17或22及以上,验证能否得到正确结果。

(2) 输入两个正整数m和n,求其最大公约数和最小公倍数。

(3) 打印出所有的"水仙花数"。所谓"水仙花数"是指一个3位数,其各位数字的立方和等于该数本身(如:$153=1^3+5^3+3^3$)。

第6章

扫码可见第6章微课

函　数

通过前几章的学习，同学们已经具备编写简单C程序的能力，前几章所学的例题中，因为程序功能较为简单，所有代码都写在一个主函数（main函数）中，但当问题规模较大，程序功能较为复杂时，主函数会变得非常庞大，这将对程序的维护和阅读带来麻烦。另外，当某一功能需要反复实现时，对应代码也需要重复编写，程序将变得冗长，出现代码冗余。

本章将介绍模块化的程序设计思想，针对每一个程序模块，编写出对应的函数，从而实现“模块化的设计”，每个函数实现一个特定功能，以降低程序的冗余度，使代码变得精炼。

6.1　函数的概述

6.1.1　C语言的函数

函数是构成C语言程序的基本功能模块，它完成一项相对独立的任务。一个C语言程序是若干函数构成的，在构成C程序的诸多函数中有且仅有一个主函数。函数是程序的最小组成单位。

C程序的执行总是从主函数开始，又从主函数结束，主函数（main函数）由操作系统调用，主函数调用其他函数，其他函数也可以相互调用，同一个函数可以被一个或多个函数调用任意次。

所有函数之间的关系是平行的，没有从属的概念。函数的平行关系使得函数的编写相对独立，便于模块化程序设计的实现。

6.1.2　函数分类

1. 从用户角度分

从用户使用的角度来看，函数有两种：

（1）库函数，即标准函数。这是由系统提供的，用户不必自己定义这些函数，可以直接使用它们。

（2）自定义函数。由用户自行定义，用以解决用户的特定需要。

2. 从函数形式分

从函数形式角度，函数可分为以下两类：

(1) 无参函数。print_stars()和 print_mess()就是无参函数。在调用无参函数时,主调函数不带参数,一般用来执行指定的一组操作。

(2) 有参函数。在调用函数时,主调函数和被调函数间有数据传递。也就是说,主调函数可以将数据传送给被调函数使用,被调函数中的数据也可以带回来供主调函数使用。

6.2 函数的定义和调用

C 语言中,程序中用到的所有函数,必须“先定义,后使用”。定义函数时,需要指定函数名,函数返回值类型,函数实现的功能,以及函数参数的个数及类型。函数由两部分构成:函数头和函数体。函数头给出函数相关信息,函数体实现函数的具体功能。

6.2.1 函数的一般形式

函数定义的一般形式是:

```
[类型标识符]函数名(形式参数表列)
{
    声明部分
    语句
}
```

注意:

(1) 首行是函数头,后面部分是函数体。

(2) 函数体用一对花括号“{}”括起来。函数体中不仅可以使用数据描述部分描述的变量,而且还可以使用形式参数。

(3) 圆括号中可以有参数(有参函数),也可以没有参数(无参函数)。

(4) 自定义函数尽量放在 main 函数之前,如果要放在 main 函数后面的话,需要在 main 函数之前先声明自定义函数,声明格式为:[数据类型说明]函数名称([参数])。

【案例 25】 自定义 sayHello()函数。

【案例描述】

定义一个 sayHello()函数,函数功能是实现字符串的输出。

【案例分析】

根据函数定义的一般形式,函数起名为 sayHello,功能是输出一行字符串,在函数体中用 printf()函数输出。

【案例代码】

```
#include<stdio.h>
/* 自定义整型函数 sayHello() */
int sayHello()
{
    //在这里输入输出语句 printf,输出内容为
    //"小伙伴们,大家好,欢迎来到 C 语言程序设计课堂!"
    printf("%s\n","小伙伴们,大家好,欢迎来到 C 语言程序设计课堂!");
    return 0;
}
int main()
{
    sayHello();
    return 0;
}
```

【案例运行】

```
小伙伴们，大家好，欢迎来到C语言程序设计课堂!
-------------------------------------
```

上述案例为一个无参函数,下面继续一个案例描述有参函数。有参函数和无参函数的唯一区别在于:函数名后面的小括号中多了一个参数列表。有参函数更为灵活,只要在调用函数时传递一个参数即可。

【案例 26】 你在慕课网学习课程门数是多少?

【案例描述】

王珂同学在中国大学慕课网上学习在线课程,每当学习一门课程后,已学课程中的课程门数会增加 1,请编写自定义函数,帮王珂同学统计他已学课程门数。请思考如何定义函数实现以下运行效果:

王珂同学在中国大学慕课网上学习

王珂同学在中国大学慕课网上学习了 * 门课程

【案例分析】

"王珂同学在中国大学慕课网上学习"这句话相对固定,可以写一个无参函数来实现,

而“王珂同学在中国大学慕课网上学习了＊门课程”这句话，课程门数不固定，可以写一个有参函数，通过参数 n 传递课程门数。

【案例代码】

```
#include<stdio.h>
/* 定义无参函数,输出王珂同学在中国大学慕课网上学习 */
int learning()
{
    printf("%s\n","王珂同学在中国大学慕课网上学习");
    return 0;
}
//定义有参函数,参数 n 代表王珂同学学习的课程门数
int learnedCount(int n)
{
    printf("王珂同学在中国大学慕课网上学习了%d 门课程",n);
    return 0;
}
int main()
{
    learning();
    learnedCount(8);
    return 0;
}
```

【案例运行】

```
王珂同学在中国大学慕课网上学习
王珂同学在中国大学慕课网上学习了8门课程
--------------------------------
```

6.2.2 函数的调用

需要用到自定义的函数时，就要调用它，此过程称之为函数调用，函数调用的一般形式为：

```
函数名(实参表列);
```

注意：

(1) 如果是调用无参函数，则不需写“实参表列”，但括号不能省略。

(2) 如果实参表列包含多个实参，则各参数间用“,”分隔。

(3) 实参可以是常数、变量或表达式。

实参表列是函数入口参数的实际值。如案例27中的"m = max(s_math,s_c);"中的 s_math 和 s_c 就是有确定值的实际参数,"max(s_math,s_c)"是对函数的调用,调用结束后得到返回值赋值给变量 m。

按照函数调用在程序中出现的形式和位置的不同,可以将函数调用分为以下3种形式:

(1) 函数调用语句

无返回值的函数,在调用函数时,只需要完成一定的操作,此时可以把函数调用单独作为一个语句出现在程序中,如:"noresult( );"。

(2) 函数表达式

有返回值的函数调用时会带回一个确定的值,可以将函数调用放于一个表达式中,函数调用结果参与表达式的运算,如"m = max(s_math,s_c);"。

(3) 函数参数

函数调用的结果还可以作为另一函数调用时的实参,如"m = max(max(a,b),c);",函数调用 max(a,b)的返回值,作为外层 max()函数调用的第一个参数,继续参与第二次 max()函数的调用。

6.2.3 函数的参数传递

有参函数在调用时,主调函数和被调函数之间有数据传递,主调函数传递数据给被调函数。主调函数用来传递的数据称为实际参数,简称实参。函数定义时函数名后面括号内的变量名称为"形式参数",它仅仅是代表数据的一个符号,没有具体值,简称形参。

【案例27】 数学和C语言两门课哪门考得更好?

【案例描述】

请输入王珂同学本学期数学和C语言两门课程的成绩,编写函数求出两门课程成绩中的最大值。

【案例分析】

编写求两个数最大值的函数,函数的功能是求出两门课程成绩的最大值,课程成绩可以是小数类型,需要两个 float 类型的参数,接收传递过来的两门课程成绩,函数体中求出最大值,并作为返回值,函数返回值类型也是 float 的类型。主函数中输入两门课程成绩,调用 max 函数求出最大值,并输出。

【案例代码】

```
#include <stdio.h>
//编写求两个数中最大值的函数
```

```
float max(float a, float b)
{
    float  max;
    max = a>b? a:b;
    return (max);
}
int main()
{
    float s_math,s_c,m;
    printf("请输入数学和C语言两门课程的成绩:\n");
    scanf("%f,%f",&s_math,&s_c);
    m = max(s_math,s_c);
    printf("The max score is:%.1f\n",m);
    return 0;
}
```

【案例运行】

```
请输入数学和C语言两门课程的成绩:
85.5, 99.5
The max score is:85.5
```

程序中,主调函数 main 中调用函数 max 时,括号内的变量 a、b 是实参,定义函数时,括号内的变量 s_math、s_c 是形参。

关于形参与实参的说明:

(1) 形式参数

定义函数时,函数名后的参数称作形式参数,简称形参或虚参。

在定义函数时,系统并不给形参分配存储单元,当然形参也没有具体的数值。

形参在函数调用时,系统暂时给它分配存储单元,以便存储调用函数时传来的实参值。一旦函数结束运行,系统马上释放相应的存储单元。

> **注意:**在定义函数时,形参必须要指定类型。

(2) 实际参数

在调用函数时,函数名后的参数称作实际参数,简称实参。

调用函数时,实参必须有确定的值,所以称它是实际参数。它可以是变量、常量、表达式等任意"确定的值"。

(3) 实参和形参之间的关系

在参数传递时,实参的个数、类型和形参的个数、类型,顺序上应严格一致。

(4) 函数调用时的参数传递

C语言规定,实参变量对形参变量的数据传递是“值传递”,即单向传递,只由实参传递给形参,而不能由形参传递给实参,这和其他很多高级语言是不同的。实参与形参占用不同的内存单元。如案例27中,在调用函数时,给形参分配存储单元,并将实参对应的值传递给形参,调用结束后,形参单元被释放,实参单元保留并维持原值,如图6-2所示。

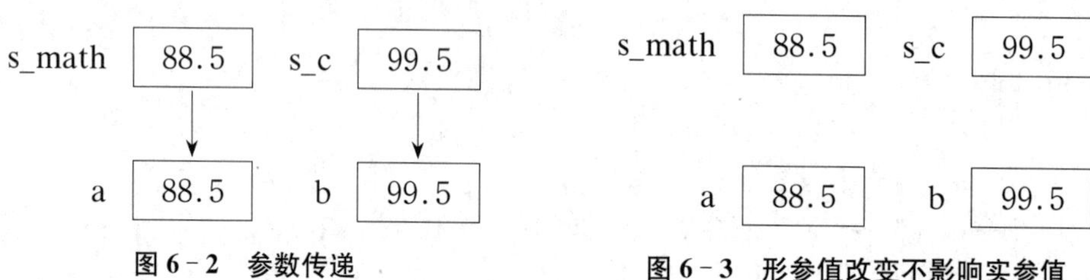

图6-2 参数传递 **图6-3 形参值改变不影响实参值**

因此,在执行一个被调函数,形参的值如果发生改变,并不会改变主调函数中实参的值。如图6-3所示,在函数max执行过程中,s_math,s_c的值分别变为88.5,99.5,而主调函数中实参a,b的值仍为88.5,99.5。

```
float max(float a, float b)
{
    float  max;
    max=a>b?a:b;
    return (max);
}

int main()
{
    float  s_c,s_math,m;
    printf("请输入数学和C语言两门课程的成绩: \n");
    scanf("%f,%f",&s_math,&s_c);
    m=max(s_math,s_c);
    printf("The max score is:%.1f\n",m);
    return 0;
}
```

综上所述,案例27的执行过程如下:

第一步 执行main函数,在主函数中执行scanf函数时,接收键盘上输入的88.5,99.5赋给s_math,s_c两个变量。

第二步 执行到语句m=max(s_math,s_c);时,实参s_math,s_c的值传递给max函数中的两个形参a和b,a和b分别得到值88.5,99.5,调用max函数,即转向max函数去执行,max函数返回值为99.5。

第三步 程序流程回到main函数中调用max函数的位置,max函数返回值99.5,赋给变量m,并输出。

6.2.4　函数的返回值

函数的返回值是指函数被调用之后，执行函数体中的程序段所取得的并返回给主调函数的值，简称函数值。案例 27 中，max(s_math，s_c)的值为 99.5，并将该值赋予变量 m。函数值是通过函数中的 return 语句获得的。

return 语句的功能有 3 个。

(1) 返回一个值给主调函数。

(2) 释放在函数的执行过程中分配的所有内存空间。

(3) 结束被调函数的运行，将流程控制权交回给主调函数。

return 语句使用的一般形式为：

return 表达式；　或者　return(表达式)；

return 语句应写在函数体的结束部分，其中圆括号也可以不要。如返回函数值部分的“return(temp)；”也可以写为“return temp；”

有时在函数调用时主调函数并不需要返回值。为了明确表示“不带回值”，可以用“void”定义“无类型”(或称“空类型”)，如：王珂同学在做一道选择题时，答案选择 B，可以返回一个字符 B 表示选择结果：

```
char option( )
{
    return 'B';
}
```

如果王珂同学在做一道计算题时，结果为 200，可以返回一个整型数据：

```
int result( )
{
    return 200;
}
```

若没有做出结果，则没有返回值，函数的返回值类型为 void，这样系统就保证在函数调用时不带回任何值。

```
void   noresult( )
{
    /没有返回值，但是可以有其他可执行的代码块
}
```

6.2.5　函数的声明和函数原型

在一个函数中调用另一个函数需要具备如下条件：

(1) 被调用函数必须是已经定义的函数(库函数或用户自己定义的函数)。

(2) 如果使用库函数，应该在本文件开头加相应的＃include 指令。

(3) 如果使用自己定义的函数,而该函数的位置在调用它的函数后面,应该声明。

函数声明(Declaration)的格式非常简单,相当于函数定义中的函数头部,加上分号“;”。

函数声明的一般形式有两种,如:

```
float add(float x, float y);
float add(float, float);
```

函数声明给出了函数名、返回值类型、参数列表(重点是参数类型)等与该函数有关的信息,称为函数原型(Function Prototype)。

原型说明可以放在文件的开头,这时所有函数都可以使用此函数。

6.2.6 函数的嵌套调用

C 语言中函数的定义是相互平行、相互独立的关系,也就是说不能嵌套定义,但是可以嵌套调用函数。函数的嵌套调用是指在调用一个函数的过程中,被调用的函数又去调用另一个函数,这种方式就称为函数的嵌套调用,如图 6-4 所示。

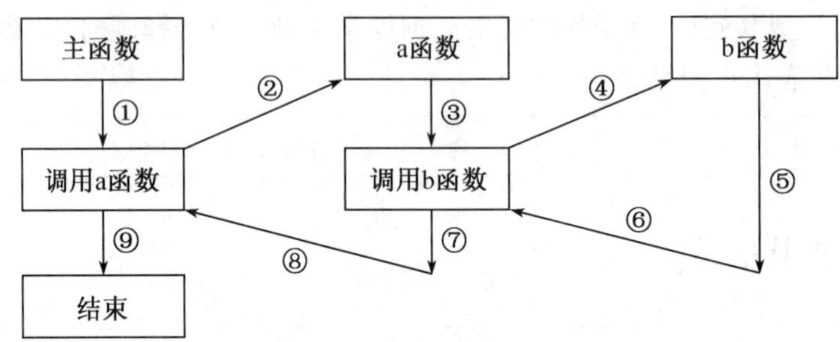

图 6-4 函数的嵌套调用

图 6-4 表示的是两层嵌套(不含主函数),其执行过程是:

第一步 执行 main 函数的开头部分;

第二步 遇到调用函数 a 的操作语句,转向 a 函数;

第三步 执行 a 函数的开头部分;

第四步 遇到调用函数 b 的操作语句,转向 b 函数;

第五步 完成 b 函数的全部操作;

第六步 返回调用 b 函数处,即返回 a 函数;

第七步 继续执行 a 函数,直到 a 函数结束;

第八步 返回调用 a 函数处,即返回 main 函数;

第九步 继续执行 main 函数的剩余部分,直到结束。

【案例 28】 求宿舍 4 位同学的 C 语言课程成绩最高分。

【案例描述】

请输入王珂同学宿舍 4 位同学本学期的 C 语言课程成绩,编写函数求出 4 位同学中

C语言课程的最高分。

【案例分析】

前面案例中我们编写了求两个数最大值的函数max，调用这个函数，可以求出2个同学的最高分。我们可以编写一个函数max4求四个同学的最高分，在main函数中调用max4，而max4功能的实现，通过多次调用max函数来实现。

【案例代码】

```
#include <stdio.h>
int main()
{
        float max4(float a,float b,float c,float d);      //函数声明
        float s1,s2,s3,s4,max;
        printf("请输入4位同学的C语言课程成绩:\n");
        scanf("%f%f%f%f",&s1,&s2,&s3,&s4);           //输入4位同学成绩
        max=max4(s1,s2,s3,s4);                   //调用max4求4个数中最大值
        printf("4位同学中C语言课程的最高分是:%.1f\n",max);
        return 0;
}
```

//编写求四个数中最大值的函数

```
float max4(float a,float b,float c,float d)          //定义max4函数
{
      float max(float a,float b);                    //声明max函数
      float m;
      m=max(a,b);     //调用max函数,求a和b中最大者,存于m中
      m=max(m,c);     //调用max函数,求m和c中最大者,存于m中
      m=max(m,d);     //调用max函数,求m和d中最大者,存于m中
      return(m);      //返回值m中存放的是a,b,c,d中的最大者
}
```

//编写求两个数中最大值的函数

```
float max(float a, float b)
{
      float  max;
      max=a>b? a:b;
      return (max);
}
```

【案例运行】

```
请输入4位同学的C语言课程成绩：
87.5 79 91 96.5
4位同学中C语言课程的最高分是：96.5
```

【案例改进】

max 与 max4 函数均可以简化为一条 return 语句：

```
//max 函数简化
float max(float a, float b)
{
    return (a>b? a:b);
}
//max4 函数简化
float max4(float a,float b,float c,float d)
{
    return max(max(max(a,b),c),d);
}
```

在函数的嵌套调用中，有一个特例就是函数直接或间接地调用该函数本身，称为函数的递归调用。该内容我们将在后面的例题中进行讲解。

6.2.7 函数的递归调用

要了解递归的概念，可以先从一个大家熟悉的故事开始："从前有座山，山里有座庙，庙里有个老和尚和一个小和尚，他们在干什么呢？老和尚在给小和尚讲故事，讲的什么故事呢？讲的是从前有座山，山里有座庙……"。

上面这个故事老和尚一直在讲一个故事，每当小和尚问起的时候，都会重复从头讲起的步骤。其实这个过程类似于 C 语言中的递归概念，所谓递归，就是在调用一个函数的过程中又出现直接或间接地调用该函数本身。C 语言的特点之一就在于允许函数的递归调用。

【案例 29】 用递归方法求 n!。

【案例描述】

求 n! 可以用循环的方式，也可以用递归的方式，本案例我们用递归的方式来求 n!。

【案例分析】

求 n! 用递归方法，即 5! 等于 4! ×5，而 4!=3! ×4，…，1!=1，可以用以下递归公示表示：

$$n!=\begin{cases} n!=1 & (n=0,1) \\ n\cdot(n-1)! & (n>1) \end{cases}$$

【案例代码】

```
#include<stdio.h>
int main()
{
    int fac(int n);
    int n;  int y;
    printf("请输入一个整数:\n");
    scanf("%d",&n);
    y=fac(n);
    printf("%d!=%d\n",n,y);
    return 0;
}
//编写函数求 n!
int fac(int n)
{
    int f;
    if(n<0)
        printf("n<0,数据输入有误!");
    else if(n==0||n==1)
        f=1;
    else
        f=fac(n-1)*n;
    return(f);
}
```

【案例运行】

```
请输入一个整数:
10
10!=3628800
```

注意：当输入的 n 的值过大时，会出现数据溢出，如当输入 n 的值为 22 时，输出结果是一个错误的数值。

```
请输入一个整数:
22
22!=-522715136
```

【回溯和递归】

从 n! 求解的公式中可以看到,当 n>1 时,求 n! 的公式是一样的,当 n=1 时,可以直接得到 1!=1。求解过程可以分成两个阶段“回溯”和“递归”。

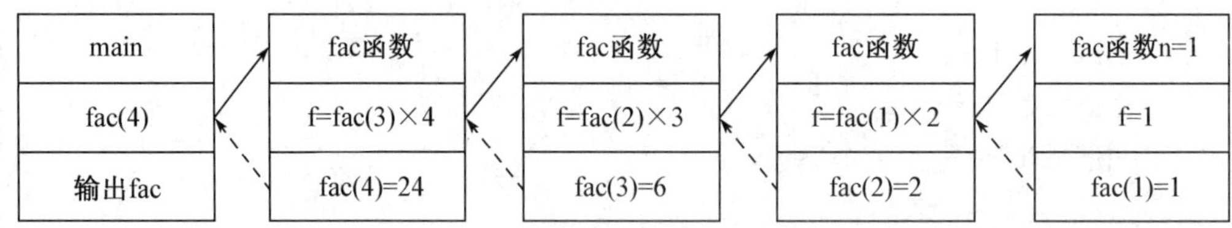

图 6-5　fac 函数回溯和递归的过程

“回溯”阶段:n 的值为 4 时,要求 4 的阶乘,可以用公式 n・(n-1)!,即 3! ×4 得到,而(n-1)的阶乘,即 3 的阶乘仍然不知道,还要“回溯”到第(n-2),即 2 的阶乘求解,……,直到 n=1,1 的阶乘为 1。此时,fac(1)已知,不必再向前推了。

“递归”阶段:采用递推的方法,从 1 的阶乘 fac(1),推算出 fac(2),……,直到推算出 fac(4)为止。

递归的过程不是无限继续下去的,必须要有一个条件使递归结束,本案例中 fac(1)=1 就是使递归结束的条件,也可以称之为递归出口。

【案例 30】　英语四级考试这样背单词可行吗?

【案例描述】

王珂同学在备考英语四级考试,他为自己制定了一个学习计划,争取一个月时间把平时积累的生词、难词复习一遍,他打算每天背单词,第一天记 5 个,第二天比第一天多记 5 个,第三天又比第二天多记 5 个……依次类推,到第 30 天的时候王珂同学需要记多少个单词,30 天累计一共记了多少个单词?

你觉得王珂同学的这个方案可行么?

【案例分析】

要求第 30 天需记单词数量,必须先知道第 29 天需记单词数量,而第 29 天的单词数量也不知道,要先求出第 28 天需记的单词数量,依次类推……第 2 天的单词数量取决于第 1 天的单词数量,第一天需要记 5 个。

$$count(30)=count(29)+5$$

$$count(29)=count(28)+5$$

$$count(28)=count(27)+5$$

……

$$count(2)=count(1)+5$$

$$count(1)=5$$

可以用公式表达如下：

$$\begin{cases} count(n)=10 & (n=1) \\ count(n)=count(n-1)+5 & (n>1) \end{cases}$$

【案例代码】

```
#include<stdio.h>
int main()
{
    int count(int n);
    int sum=0;
    printf("王珂同学第30天需记单词数量为:%d\n",count(30));
    for(int i=1;i<=30;i++)
        sum=sum+count(i);
    printf("王珂同学30天累计需记的单词总数量:%d",sum);
    return 0;
}
int count(int n)
{
    int c;
    if(n==1)
        c=5;
    else
        c=count(n-1)+5;
    return(c);
}
```

【案例运行】

```
王珂同学第30天需记单词数量为:150
王珂同学30天累计需记的单词总数量: 2325
--------------------------------
```

【案例 31】 Hanoi(汉诺)塔问题。

【案例描述】

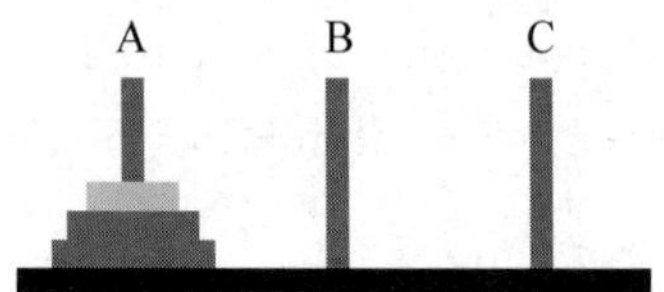

古代有一个梵塔,塔内有3个底座A、B、C,开始时A座上有64个盘子,盘子大小不等,大的在下,小的在上。有一个老和尚想把这64个盘子从A座移到C座,但规定每次只允许移动一个盘,且在移动过程中在3个座上都始终保持大盘在下,小盘在上。在移动过程中可以利用B座。要求编程序输出移动盘子的步骤。

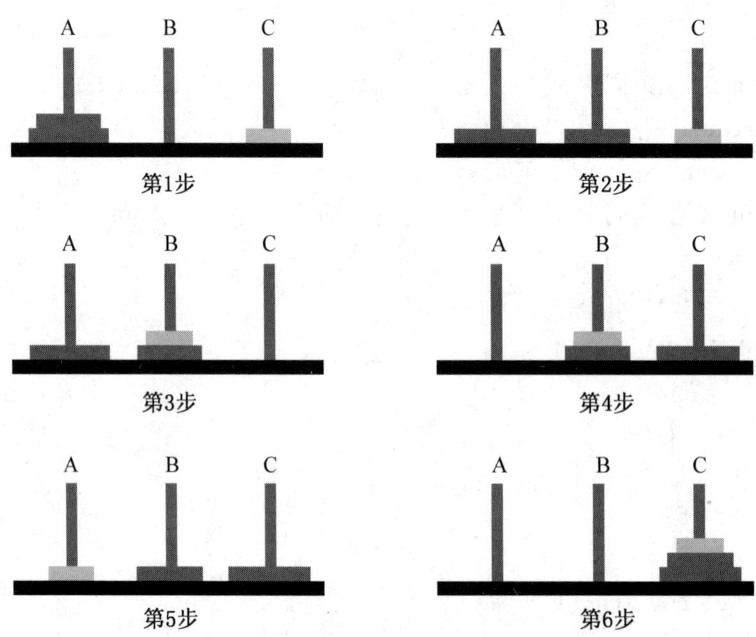

图6-6 3个盘子移动的步骤

【案例分析】

3座盘子的移动步骤很简单,如图6-6所示,要把64个盘子从A座移动到C座,需要移动大约264次盘子。一般人是不可能直接确定移动盘子的每一个具体步骤,老和尚采取的办法是:假如有另外一个和尚能有办法将上面63个盘子从一个座移到另一座。那么,问题就解决了。此时老和尚只需这样做:

第一步 命令第2个和尚将63个盘子从A座移到B座;

第二步 自己将1个盘子(最底下的、最大的盘子)从A座移到C座;

第三步 再命令第2个和尚将63个盘子从B座移到C座。

将n个盘子从A座移到C座可以分解为以下3个步骤：

第一步 将A上n－1个盘借助C座先移到B座上；

第二步 把A座上剩下的一个盘移到C座上；

第三步 将n－1个盘从B座借助于A座移到C座上。

可以将第一步和第三步表示为：

将“one”座上n－1个盘移到“two”座(借助“three”座)。

在第一步和第三步中，one、two、three和A、B、C的对应关系不同。

对第一步，对应关系是one对应A，two对应B，three对应C。

对第三步，对应关系是one对应B，two对应C，three对应A。

把上面3个步骤分成两类操作：

(1) 将n－1个盘从一个座移到另一个座上(n>1)。这就是大和尚让小和尚做的工作，它是一个递归的过程，即和尚将任务层层下放，直到第64个和尚为止。

(2) 将1个盘子从一个座上移到另一座上。这是大和尚自己做的工作。

把上面3个步骤分成两类操作：

(1) 将n－1个盘从一个座移到另一个座上(n>1)。这就是大和尚让小和尚做的工作，它是一个递归的过程，即和尚将任务层层下放，直到第64个和尚为止。

(2) 将1个盘子从一个座上移到另一座上。这是大和尚自己做的工作。

【案例代码】

```
#include <stdio.h>
int main()
{
    void hanoi(int n,char one,char two,char three);
    int m;
    printf("the number of diskes:");
    scanf("%d",&m);
    printf("move %d diskes:\n",m);
    hanoi(m,'A','B','C');
}
void hanoi(int n,char one,char two,char three)
{
    void move(char x,char y);
    if(n==1)
        move(one,three);
    else
    {
```

```
        hanoi(n-1,one,three,two);
        move(one,three);
        hanoi(n-1,two,one,three);
    }
}
void move(char x,char y)
{
    printf("%c-->%c\n",x,y);
}
```

【案例运行】

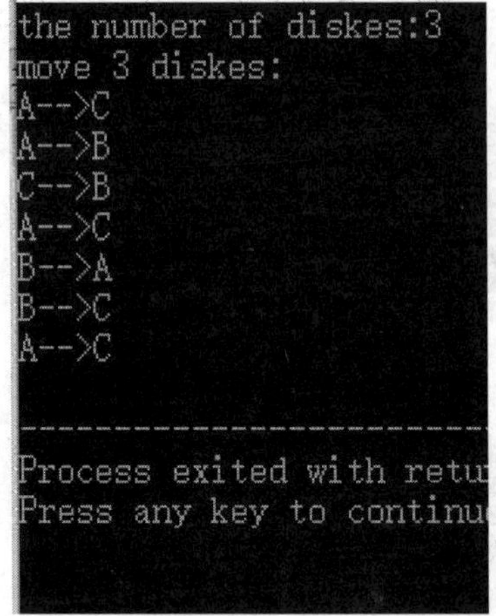

6.3 局部变量和全局变量

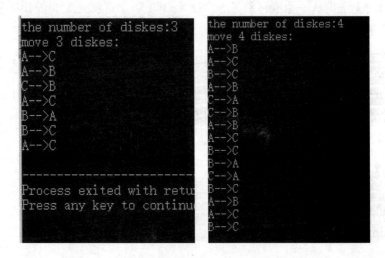

C语言中的变量,按照作用域范围可分为两种:即局部变量和全局变量。定义变量的可能有三种情况:在函数的开头定义、在函数的复合语句内定义、在函数的外部定义。

6.3.1 局部变量

局部变量也称内部变量,在函数内或复合语句内部定义,其作用域仅限于函数内,离开该函数后再使用该变量是非法的。如:

```
int f1(int a)
{
    int x,y;     a、x、y仅在此函数内有效
    …
}
```

```
int main()
{
    int m,n        m、n仅在此函数内有效
    ...
}

int f2()
{
    int x,y;
    ...
    {              x、y仅在此函数内有效
    int z;
    z=x+y;         z仅在复合语句内有效
    }
}
```

注意:f1 和 f2 函数内的 x 和 y 类似于不同班级同名同学,它们代表不同对象,具有不同的存储单元。

在一个函数内部定义的变量只在本函数范围内有效。在复合语句内定义的局部变量,其作用域只在复合语句范围内。形参属于被调函数的局部变量,实参属于主调函数的局部变量。允许在不同的函数中使用相同的变量名,它们代表不同的对象,分配不同的单元,互不干扰。

6.3.2 全局变量

全局变量也称为外部变量,在函数外部定义,全局变量不属于哪一个函数,它属于一个源程序文件。全局变量可以被定义它的文件中的所有函数使用,其作用范围是从定义变量的位置开始到它所在源文件的结束。如:

```
int P,Q;        //定义全局变量P和Q
int f(int a)
{
    int x,y;
    …
}

int S1,S2;      //定义全局变量S1和S2
int s(int b)
{
    int i,j;
    …
}

int main()
{
    int m,n;
    …
}
```

S1和S2的作用范围（从 int S1,S2; 到 main 函数结束）

P和Q的作用范围（从 int P,Q; 到 main 函数结束）

S1、S2和P、Q都是全局变量,但它们的作用范围不同,请读者自己分析一下,在主函数、f函数和s函数中可以使用的变量有哪些?它们分别又是什么类型的变量?

为了增强程序的可读性,便于区别全局变量和局部变量,在C程序设计中有一个不成文的约定(但非规定),将全局变量名的第一个字母用大写表示。

【案例32】 远水救不了近火。

【案例描述】

"远水救不了近火",出自《韩非子·说林上》,意思是说远处的水救不了近处的火,因为起火的地方已经超出了水的作用范围。在C语言中,变量定义的位置不同,作用范围也不同。在C语言,可将变量比作"水"和"火",定义在不同位置的变量也有远近之分。本案例要求实现代码中不同位置变量的定义与使用。

【案例分析】

局部变量和全局变量定义的位置不同,起作用的范围也不同,定义变量fire和water,编写Ffire函数,用语句fire -= water模拟"扑火"操作。编写msg函数,判断火是否被扑灭。主函数中调用Ffire函数第一次扑火,函数内fire的值变为0,但是调用msg函数时,传入的参数fire是主函数内定义的局部变量fire,不能扑灭;在{}复合语句内,复合语句内调用 msg 函数，参数是复合语句内的局部变量值，fire = 1，第二次扑火失败；在复合语句之后，第三次扑火，调用全局变量 water，扑火成功。

【案例代码】

```
#include<stdio.h>
int water = 1;
void Ffire(int fire)
{
    int water = 1;
    fire -= water;
}
void msg(int fire)
{
    if(fire == 0)
        printf("火被扑灭了!\n");
    else
        printf("警报尚未解除!\n");
}
int main()
{
    int fire = 1;
    Ffire(fire);
    printf("“远水”救“近火”?");
    msg(fire);
    {
        int water = 1;
        int fire = 1;
        printf("“远水”救“近火”?");
        msg(fire);
    }
    msg(fire);
    fire -= water;
    msg(fire);
    return 0;
}
```

【案例运行】

```
"远水"救"近火"?警报尚未解除!
"远水"救"近火"?警报尚未解除!
警报尚未解除!
火被扑灭了!
```

6.4 函数案例

【案例33】 再算宿舍同学平均分。

【案例描述】

宿舍有4个同学,大一上学期每人都上了高等数学、大学英语、信息技术三门必修课,要求输入每个同学每门课的成绩,计算并输出每个人的平均成绩。

【案例分析】

编写aver函数,求3个数的平均值,在main中利用循环来处理4个学生,每个循环内部用来处理一个学生的3门课成绩,3门课的平均值调用aver函数实现。

【案例代码】

【案例运行】

```
#include <stdio.h>
float aver(int sx,int yy,int xx)
{
    float average;
    average=(sx+yy+xx)/3.0;
    return average;
}

int main()
{
    float average;
    int i,sx,yy,xx;
```

```
    for(i=1;i<=4;i++)
    {
        printf("请输入第%d个学生三门课成绩:",i);
        scanf("%d %d %d",&sx,&yy,&xx);
        average=aver(sx,yy,xx);
        printf("第%d个学生平均成绩是%7.2f\n",i,average);
    }
    return 0;
}
```

【案例运行】

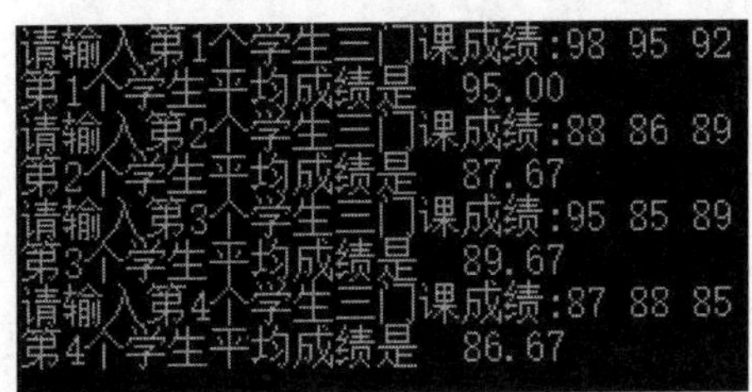

【案例34】　兔子数列。

【案例描述】

本案例使用函数实现“兔子数列”。著名意大利数学家Fibonacci曾提出这样一个有趣的问题：设有一对新生的兔子，从第三个月开始它们每个月都生一对兔子。按此规律，并假设没有兔子死亡，前12个月每月有多少对兔子。

【案例分析】

每月兔子的数量如下表所示，即Fibonacci数列。可用公式表示为：

$F_1=1$　　　　$(n=1)$

$F_2=1$　　　　$(n=2)$

$F_n=F_{n-1}+F_{n-2}$　$(n\geqslant 3)$

编写fi函数求Fibonacci数列，在main函数中调用fi函数求前n个月兔子总数。

【案例代码】

```
#include<stdio.h>
int main()
{
```

```
    int n;
    int fi(int n);
    printf("请输入要求的 Fibonacci 数列的个数:\n");
    scanf("%d",&n);
    fi(n);
    return 0;
}
int fi(int n)
{
    int f1,f2,i;
    f1=1;f2=1;
    for(i=1;i<=n;i++)
    {
        printf("%12d%12d",f1,f2);
        if(i%2==0)
            printf("\n");
        f1=f1+f2;
        f2=f2+f1;
    }
    return 0;
}
```

【案例运行】

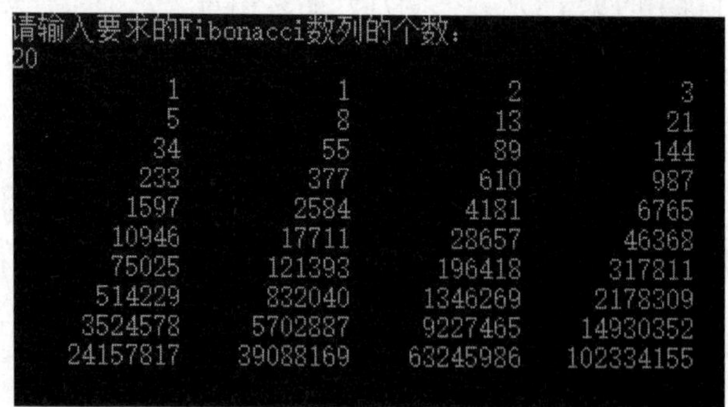
```
请输入要求的Fibonacci数列的个数:
20
           1           1           2           3
           5           8          13          21
          34          55          89         144
         233         377         610         987
        1597        2584        4181        6765
       10946       17711       28657       46368
       75025      121393      196418      317811
      514229      832040     1346269     2178309
     3524578     5702887     9227465    14930352
    24157817    39088169    63245986   102334155
```

【案例 35】 设计简易计算器。

【案例描述】

编程模拟计算器的简单功能,实现针对两个整数的加、减、乘、除四则运算。

【案例分析】

加、减、乘三种运算的基本步骤完全一致，以加法为例，对计算过程进行分析：

(1) 加法操作需要两个操作数，用户输入第一个操作数；

(2) 用户输入操作符(+)；

(3) 用户输入第二个操作数；

(4) 用户按下回车按钮结束输入，计算结果输出。

【案例代码】

```
#include<stdio.h>
float sum;
void add(float op1,float op2)
{
    sum=op1+op2;
    printf("%.2f\n",sum);
}
void sub(float op1,float op2)
{
    sum=op1-op2;
    printf("%.2f\n",sum);
}
void mult(float op1,float op2)
{
    sum=op1*op2;
    printf("%.2f\n",sum);
}
void div(float op1,float op2)
{
    if(op2==0)
        printf("被除数不能为0!");
    else
    {
        sum=op1/op2;
        printf("%.2f\n",sum);
    }
}
int main()
```

```
{
    float op1,op2;
    char ch;
    while(1)
    {
        scanf("%f%c%f",&op1,&ch,&op2);
        switch(ch)
        {
            case '+':
                add(op1,op2);
                break;
            case '-':
                sub(op1,op2);
                break;
            case '*':
                mult(op1,op2);
                break;
            case '/':
                div(op1,op2);
                break;
        }
    }
    return 0;
}
```

【案例运行】

```
21.5*2
43.00
50.6-24
26.60
35/2
17.50
```

6.5 【章节案例六】一卡通功能集成

【案例描述】

在前面的章节中，我们编写过关于一卡通的程序，本案例中，将各功能集成在一起，实现一卡通完整功能。

【案例分析】

编写菜单函数 Menu()，显示一卡通功能菜单，用户查看菜单，输入数字选择对应功能；编写个人信息 MyInfo()函数，显示用户个人基本信息；编写充值函数 Recharge()，实现一卡通充值功能；编写显示餐厅菜单函数 view_menu()，查看菜谱菜价；编写点餐函数 Order()，实现点单功能。在 main 函数中调用以上函数，实现一卡通各个功能。

【案例代码】

```
#include<stdio.h>
float Balance=0.0;
void Menu()
{
    printf("********扬州工业职业技术学院一卡通系统********\n");
    printf("0.显示个人信息\n");
    printf("1.一卡通充值\n");
    printf("2.查看菜单\n");
    printf("3.点餐\n");
    printf("4.退出\n");
    printf("**********************************************\n");
}
void MyInfo()
{
    printf("********扬州工业职业技术学院校园一卡通*********\n");
    printf("姓名:李军\n");
    printf("班级:2001 软件技术\n");
    printf("一卡通当前余额:%.2f\n\n",Balance);
}
void Recharge()
{
```

```
    float amount;
    printf("请输入要充值的金额:\n");
    scanf("%f",&amount);
    Balance += amount;
    printf("您已成功充值%.2f 元,一卡通当前余额:%.2f\n\n",amount,
Balance);
}
void view_menu()
{
    printf("********************** 欢迎光临 ********************** \n\n");
    printf("现推出以下单人套餐,性价比超高,欢迎选择!\n\n");
    printf("A 套餐,价格 15 元\n");
    printf("B 套餐,价格 18 元\n");
    printf("C 套餐,价格 20 元\n");
    printf("D 套餐,价格 25 元\n");
    printf("E 套餐,价格 30 元\n");
    printf("F 套餐,价格 35 元\n");
    printf("**************************************************** \n");
}
void Order()
{
    char choose;
    //printf("请先输入您的卡内余额:\n");
    //scanf("%d",&balance);
    printf("请输入你要点的套餐的字母,输入 Q 退出:");
    getchar();
    char choice = getchar();
    float money;
    if(choice == 'A')
    {
        money = 15;
    }
    else if(choice == 'B')
    {
        money = 18;
    }
    else if(choice == 'C')
```

```
    {
        money = 20;
    }
    else if(choice == 'D')
    {
        money = 25;
    }
    else if(choice == 'E')
    {
        money = 30;
    }
    else if(choice == 'F')
    {
        money = 35;
    }
    if(Balance - money>= 0)
    {
        Balance = Balance - money;
        printf("你已经点了%c 套餐,余额还剩%.2f\n",choice,Balance);
    }
    else
    {
        printf("卡上余额不足,不能点%c 套餐!\n",choice);
    }
}
int main()
{
    int n;
    while (1)
    {
        Menu();
        printf("请输入对应功能的数字:\n");
        scanf("%d",&n);
        if(n == 0)
        {
            MyInfo();
        }
```

```
        else if(n == 1)
            Recharge();
        else if(n == 2)
            view_menu();
        else if(n == 3)
            Order();
        else if(n == 4)
            break;
    }
    return 0;
}
```

【案例运行】

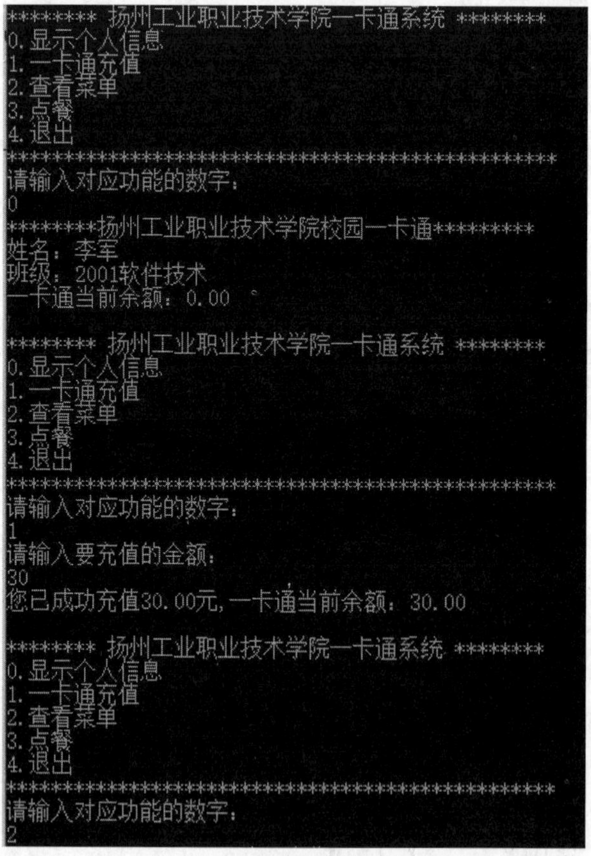

```
******** 扬州工业职业技术学院一卡通系统 ********
0.显示个人信息
1.一卡通充值
2.查看菜单
3.点餐
4.退出
**********************************************
请输入对应功能的数字:
0
********扬州工业职业技术学院校园一卡通*********
姓名: 李军
班级: 2001软件技术
一卡通当前余额: 0.00

******** 扬州工业职业技术学院一卡通系统 ********
0.显示个人信息
1.一卡通充值
2.查看菜单
3.点餐
4.退出
**********************************************
请输入对应功能的数字:
1
请输入要充值的金额:
30
您已成功充值30.00元,一卡通当前余额: 30.00

******** 扬州工业职业技术学院一卡通系统 ********
0.显示个人信息
1.一卡通充值
2.查看菜单
3.点餐
4.退出
**********************************************
请输入对应功能的数字:
2
```

```
******************** 欢迎光临 ********************

现推出以下单人套餐，性价比超高，欢迎选择！

A套餐，价格15元
B套餐，价格18元
C套餐，价格20元
D套餐，价格25元
E套餐，价格30元
F套餐，价格35元
**************************************************
******** 扬州工业职业技术学院一卡通系统 ********
0.显示个人信息
1.一卡通充值
2.查看菜单
3.点餐
4.退出
**************************************************
```

```
请输入对应功能的数字：
3
请输入你要点的套餐的字母，输入Q退出：D
你已经点了D套餐，余额还剩5.00
******** 扬州工业职业技术学院一卡通系统 ********
0.显示个人信息
1.一卡通充值
2.查看菜单
3.点餐
4.退出
**************************************************
请输入对应功能的数字：
3
请输入你要点的套餐的字母，输入Q退出：A
卡上余额不足，不能点A套餐！
******** 扬州工业职业技术学院一卡通系统 ********
0.显示个人信息
1.一卡通充值
2.查看菜单
3.点餐
4.退出
**************************************************
请输入对应功能的数字：
4

--------------------------------
Process exited with return value 0
Press any key to continue . . .
```

6.6 习 题

1. 写出程序运行结果

```
#include <stdio.h>
void plus(int x)
{x++;}
void minus(int x)
{x--;}
```

```
int main()
{
    int x=1;
    printf("%d\n",x);
    plus(x);
    minus(x);
    plus(x);
    plus(x);
    printf("%d\n",x);
    return 0;
}
```

2. 编一函数,求出10个整数中的最大数和最小数。由主函数输入10个数,并输出最后结果。

3. 编一函数,求 $1+\frac{1}{2}+\frac{1}{3}+\frac{1}{4}+\cdots+\frac{1}{n}$ 的和,由主函数输入n的值,并输出结果。

4. 编一函数,求出10～100间的所有素数。

5. 编一函数,判断一个3位数是否为水仙花数。水仙花数是指该数个位、十位和百位的立方和等于该本身,如水仙花数 $153=1^3+5^3+3^3$。由主函数输入整数,并输出是否为水仙花数的信息。

6. 写两个函数,分别求两个整数的最大公约数和最小公倍数,用主函数调用这两个函数,并输出结果,两个整数由键盘输入。

7. 写一函数,用“起泡法”对输入的10个数按从小到顺序的排列。

8. 求方程 $ax^2+bx+c=0$ 的根,用3个函数分别计算当 b^2-4ac 大于0、等于0时的根,小于0时输出“Error”。从主函数输入a、b、c的值。

9. 写一函数,将两个字符串连接。

10. 用函数递归求Fibonacci数列的前20项。Fibonacci数列:$a_1=1$,$a_2=1$,$a_{n+2}=a_{n+1}+a_n$。

扫码可见第7章微课

第7章 数组

前面章节中介绍的数据都是基本数据类型，如整型、浮点型、字符型的数据，利用这些基本数据类型可以完成一些基本的操作。然而在实际应用中，仅依靠基本数据类型是不够用的。例如，在一个班级一次语文考试以后，要录入并排序各人的成绩，假设班级有5个人，可以使用yw1，yw2，yw3，yw4，yw5五个变量来表示这5个人的成绩。但当班级人数是50个时，就需要引入50个变量，非常不方便。

在数学中常常使用下标变量来解决以上问题。例如，可以用yw[1]，yw[2]，yw[3]，…，yw[50]来分别代表每个同学的成绩，其中yw[1]代表第一个学生的成绩，yw[2]代表第二个学生的成绩，……。这里yw[1]，yw[2]，…，yw[50]通常称为带下标的变量（简称下标变量）。显然，用一批具有相同名字不同下标的下标变量来表示同一属性的一组数据，比用不同名字的变量更为方便，更能清楚地表示它们之间的关系。在实际应用中，人们经常使用一组具有相同名字、不同下标的下标变量来代表一组具有相同性质的数据。

在C语言中，也可以使用下标变量，并且把一组同一名字、不同下标的下标变量称为数组，数组中每一个元素称为数组元素，数组元素也就是上面提到的带下标的变量。

要强调的是，数组是相同类型数据的有序集合，数组中的每一个元素都属于同一个数据类型，它们的排列顺序也是确定的。每个数组有确定的数组名，并用不同的下标来区分数组中的各元素。

7.1 一维数组

具有一个下标的数组称为一维数组。

7.1.1 一维数组的定义

一维数组定义格式：

```
类型标识符   数组名[常量表达式]
```

例如：

```
int  a[10];
```

它表示数组名为a，此数组有10个元素。

说明：

(1) 定义数组名的规则和定义变量名相同。

(2) 用方括号将常量表达式括起。

(3) 常量表达式定义了数组元素的个数,即数组长度。数组下标从0开始。例如,在int a[10]中,10表示a数组中有10个元素,下标从0开始,这10个元素是,a[0],a[1],a[2],a[3],a[4],a[5],a[6],a[7],a[8],a[9],注意不包括a[10]这个元素。

(4) 常量表达式中可以包括常量和符号常量,不能包含变量。也就是说,不允许对数组的大小作动态定义,即数组的大小不依赖于程序运行过程中变量的值。例如,下列定义数组是不行的:

```
int i;
i=4;
int a[i];
```

7.1.2 一维数组元素的引用

数组一经定义之后,数组元素就能够被引用。C语言规定,对数组引用不能一次引用整个数组,而只能逐个引用数组元素。

一维数组元素的引用格式:

```
数组名[下标]
```

下标可以是整型常量或整型表达式。例如:

```
a[0]=a[3]+a[5]+a[2*3]
```

【案例36】 数组处理小组成绩输入输出。

【案例描述】

录入并输出王珂同学所在小组中10个同学的语文考试成绩。

【案例分析】

定义一个数组用于保存小组所有人的考试成绩,用户依次输入每个人的成绩就保存在这个数组中,然后再依次输出每个人的成绩。

【案例代码】

```
#include<stdio.h>
int main()
{
    int a[10];
    int i;
```

```
    for(i=0;i<=9;i++)
    {
        printf("请输入第%d个人的成绩:",i+1);
        scanf("%d",&a[i]);

    }
    for(i=0;i<=9;i++)
    {
        printf("第%d个人的成绩是:%d\n",i+1,a[i]);
    }
    return 0;
}
```

【案例运行】

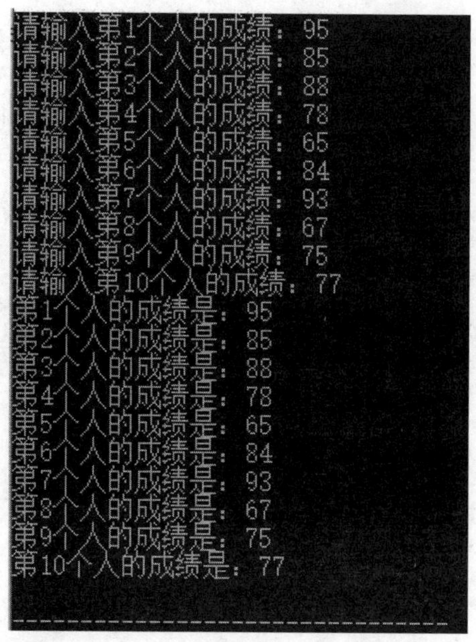

7.1.3 一维数组的初始化

对数组元素的初始化可以用下列几种实现方式：

(1) 在定义数组时对全部数组元素初始化。如

```
int a[4]={4,5,6,7};
```

将数组元素的初值依次放在一对花括号内，初值个数与数组的元素个数一致。经过上面的定义和初始化以后，a[0]=4，a[1]=5，a[2]=6，a[3]=7。

(2) 对数组部分元素初始化。如

```
int a[4]={9,1};
```

定义a数组有4个元素,但只给前面的2个元素赋值,后2个元素为相应类型的缺省值,C语言规定int类型缺省值为整型数0,char类型缺省值为空字符。因此,经过上面的定义和初始化后,a[0]=9,a[1]=1,a[2]=0,a[3]=0。

(3) 对数组全部元素赋初值时,可以不指定数组长度。如:

```
int a[]={5,4,3,2,1};
```

由于花括号中有5个数,编译系统会据此自动定义a数组的长度为5。

(4) 对数组元素所赋初值个数不能超过数组的长度。如下面的初始化是不行的:

```
int a[4]={2,4,6,8,10};
```

【案例37】 数组处理求兔子数列的前30个数。

【案例描述】

兔子数列,即斐波那契数列(Fibonacci数列),它的特点是前面两个数的和等于后面的一个数。

1,1,2,3,5,8,13,21,34,55,89,144,233,377,610,987,1597,2584,4181,6765,…

【案例分析】

定义一个数组用于保存这个数列中的每一个数,程序员只需要给出前两个元素的值,从第三个元素开始反复用f[i]=f[i-2]+f[i-1]即可求得。

【案例代码】

```
#include<stdio.h>
int main()
{
    int i;
    int f[30]={1,1};
    for (i=2;i<30;i++)
        f[i]=f[i-2]+f[i-1];
    for (i=0;i<30;i++)
    {
        if (i%6==0)
            printf("\n");   //用来控制换行,每行输出6个数据
```

```
        printf("%d\t",f[i]);
    }
    return 0;
}
```

【案例运行】

```
1       1       2       3       5       8
13      21      34      55      89      144
233     377     610     987     1597    2584
4181    6765    10946   17711   28657   46368
75025   121393  196418  317811  514229  832040
```

【案例 38】 冒泡法排序实现评委打分程序。

【案例描述】

一年一度的元旦晚会开始了，班级同学积极筹备了 7 个节目，按照以往惯例，老师委托王珂同学编程将 7 个节目的评委评分结果按从小到大(升序)排序，最终根据排名进行奖品的发放。

【案例分析】

本案例可用冒泡排序来实现，冒泡排序可实现对一组数据的升序或降序排序，以升序为例：其基本思路是从第一个元素开始，将相邻两个数比较，将较小的元素交换到前面。

若有 7 个数：9,8,7,6,5,4,3，则用冒泡法按升序排序过程如图 7-1 所示。

第一次	9	8	7	6	5	4	3
第二次	8	9	7	6	5	4	3
第三次	8	7	9	6	5	4	3
第四次	8	7	6	9	5	4	3
第五次	8	7	6	5	9	4	3
第六次	8	7	6	5	4	9	3
结　果	8	7	6	5	4	3	9

图 7-1　冒泡排序步骤图

第一次将 8 和 9 对调，第二次将第 2 个数和第 3 个数(9 和 7)对调，第三次将第 3 个数和第4个数(9和6)对调……如此共进行6次,得到8,7,6,5,4,3,9的顺序,可以看到:最大的数9已"沉底",而小的数已"上升",最小的数3已向上"浮起"一个位置。经第一轮(共6次)后,已得到最大的数。然后进行第二轮比较,对余下的前面的6个数按上述方法进行比较、对调(需要时),经过5次比较对调,得到次大的数8。依次类推,对7个数要比较6轮,才能使7个数按升序排序。在第一轮中要进行两个数之间的比较共6次,第二轮中比5次,……,第六轮比1次。若有n个数,则要进行n-1轮比较。在第1轮中要进行n-1次两两比较,在第j轮比较中要进行n-j次两两比较。

算法设计如下:设待排序的数的个数N,本题N=7;比较轮数i,i=1,2,…,N-1;第i轮待比较元素的下标j,j=1,2,…,N-i。

程序要用两重计数型循环,步骤如下:

第一步　将待排序的数据放入数组a中。

第二步　让i取初值1。

第三步　让j从1到N-i,比较a[j]与a[j+1],如果a[j]<=a[j+1],位置不动;如果a[j]>a[j+1],位置对调。此步结束后,a[N-i+1]中的数为最小的数。

第四步　让i=i+1;只要i!=N-1就返回第三步,将a[N-i+1]的值排好。当i==N-1时执行第五步。

第五步　输出排序结果。

【案例代码】

```
#include<stdio.h>
#define N 7      //定义符号常量N
int main()
{
    int a[N+1];   //定义数组长度为N+1,本题中为符合人们的习惯,a[0]不用,
                  //只用a[1]到a[N]
    int i,j,temp;
    printf("输入7个节目的评委打分:\n");
    for(i=1;i<=N;i++)              //用键盘输入数组元素
        scanf("%d",&a[i]);
    for(i=1;i<=N-1;i++)            //冒泡排序,外层循环
    {
        for(j=1;j<=N-i;j++)  //内层循环
        {
            if(a[j]>a[j+1])        //如果a[i]>a[i+1]
            {   //让a[i]和a[i+1]对调
                temp=a[j];
                a[j]=a[j+1];
```

```
                a[j+1]=temp;
            }
        }
    }
    printf("7个节目的评委打分最终排名:");
    for(i=1;i<=N;i++)
    {
        printf("%d  ",a[i]);
    }
    return 0;
}
```

【案例运行】

```
输入7个节目的评委打分:
89
91
88
96
98
86
95
7个节目的评委打分最终排名: 86  88  89  91  95  96  98
--------------------------------
```

【案例 39】 打擂台看看谁最"强"。

【案例描述】

使用打擂台算法,在10个数中求最大值。

【案例分析】

在武侠小说中经常出现打擂台的场景:有一人率先跳上擂台,等待挑战者上台比武,台下各路江湖豪杰一个个陆续上台挑战,同一时刻,台上只有2人在比武,败者淘汰,胜者留在台上,等待下一个人上台继续比武,最终留在台上的为最终擂主。在一组数中找出最大值,也可以采用打擂台的方法实现。打擂台算法思想可描述如下:

第一步 确定一个擂主(最简便的办法就是首个到场的即为擂主);
第二步 挑战者上台;
第三步 擂主和挑战者比较;
第四步 若挑战者胜,挑战者做擂主,否则擂主卫冕(不用更改);
第五步 重复执行第二步至第四步,直到最后一个挑战者;
第六步 输出最后的擂主。

10个数可以用一维数组保存，为方便操作，数组中第一个元素设为初始“擂主”，即当前最大值，用变量max表示，数组中的每个元素a[i]，依次“上台”跟当前最大值进行比较，若a[i]>max，即“挑战者”胜，则将a[i]设为当前最大值，即max=a[i]，否则max的值保持不变。直到数组中所有元素都参与比较完为止，max中存储的即为所有数中的最大值。

【案例代码】

```
#include<stdio.h>
#define N 10                    //定义符号常量 N
int main()
{
    int a[N],max,i;
    for ( i=0;i<N;i++ )
    {
        scanf("%d",&a[i]);
    }
    max=a[0];
    for (i=1;i<N;i++)
    {
        if (a[i]>max)
            max=a[i];
    }
    printf("最大值=%d\n",max);
    return 0;
}
```

【案例运行】

```
6 7 10 4 6 5 1 3 2 8 9
最大值=10
```

7.2 字符数组

用来存放字符数据的数组是字符数组，字符型数组中的每一个元素只能存放一个字符型数据。

7.2.1 字符数组的定义与初始化

一维字符数组的定义格式：

```
char 数组名[常量表达式]
```

例如：

```
char c[5];
```

该语句定义了一个元素个数为5的一维字符数组，每个元素可存储一个字符。例如：

```
c[0]='g';c[1]='o';c[2]='o';c[3]='d';c[4]='!';
```

字符数组也可以在定义时初始化，例如：

```
char c[5]={'g','o','o','d','!'}
```

注意：

(1) 如果花括号中提供的初值个数大于数组长度，则被当作语法错误处理。

(2) 如果初值个数小于数组长度，将只为数组的前几个元素赋初值，其余未赋值的元素将自动被赋以空字符('\0')。如：

char c[8]={'g','o','o','d','!'};

【案例40】 用户登录信息账号检查。

【案例描述】

王珂同学在学校教务管理系统中的账号为“wangk”，当他试图登录教务管理系统时，系统首先判断他输入的账号是否正确，若输入正确则提示：“用户名输入正确！”，否则将提示“用户名输入不正确！”。

【案例分析】

定义一个数组用于保存账号“wangk”，再定义一个数组用于保存输入的账号，程序开始首先输入账号保存在字符数组h中，然后比较两个字符数组中的元素是否相等？

【案例代码】

```
#include<stdio.h>
int main()
{
    char text[5]={'w','a','n','g','k'};       //预定单词为 wangk
```

```
    char h[5];                  //h 数组保存输入的单词
    int i,flag=0;               //设定标志 flag,为 0 表示输入单词为预定单词
    printf("请输入用户名:");
    for(i=0;i<5;i++)            //从键盘输入单词保存在 h 数组中
        scanf("%c",&h[i]);
    for(i=0;i<5;i++)            //比较输入单词和预定单词的每个字母是否相同
        if(h[i]!=text[i])
        {
            flag=1;             //只要有一个字母不同,flag 就改为 1
            break;              //并且提前退出循环
        }
    if(flag)                    //输出比较结果
        printf("用户名输入不正确!");
    else
        printf("用户名输入正确!");
    return 0;
}
```

【案例运行】

```
请输入用户名: wangk
用户名输入正确!
```

```
请输入用户名: chenk
用户名输入不正确!
```

开动脑筋想一想

若输入字符串“wangke”,会得到什么结果?为什么?

7.2.2 字符串和字符串结束标志

C 语言对字符串的处理必须通过字符数组进行。字符串是用双引号括起来的字符序列,如:

```
"good","hello!","a=b+c","001234"
```

都是合法的字符串。前面第三章中已述:在内部存储时,编译程序自动在每个字符串的尾部加上一个串结束符 '\0',因此,所需要的存储空间比字符串的字符个数多一个字节。如用 s 字符数组存储字符串“HELLO”时,s 数组的长度至少为 6,即 char s[6]。它在内存中的存放形式如图 7-2 所示。

S[0]	S[1]	S[2]	S[3]	S[4]	S[5]
H	E	L	L	O	\0

图7-2　字符串的存放形式

注意：因为在字符串的最后有一个串结束符 '\0'，所以在处理字符串的过程中，一旦遇到特殊字符 '\0' 就表示已经到达字符串的末尾，即字符串结束。

字符串的初始化有两种方式：

(1) 与字符数组的初始化形式相同(但最后要人为地增加一个字符 '\0')，如：

```
char s[6]={'h','e','l','l','o','\0'};
```

或

```
char s[]={'h','e','l','l','o','\0'};
```

(2)用字符串常量来使字符数组初始化(系统会自动增加一个串结束符 '\0')，如：

```
char s[]={"hello"};
```

也可以省略花括号，直接写成：

```
char s[]="hello";
```

字符串的输入输出有两种方法：

(1) 逐个字符输入输出，可用循环来实现。如：

```
#include<stdio.h>
int main()
{
    char ch1[4];
    int i;
    printf("请输入4字符");
    for(i=0;i<4;i++)
    {
        scanf("%c",&ch1[i]);
    }
    printf("输出这4个字符");
    for(i=0;i<4;i++)
    {
        printf("%c",ch1[i]);
    }
```

```
    return 0;
}
```

(2) 将整个字符串一次输入或输出。如:

```
char s[] = "hello";
printf("%s",s);
```

【案例 41】 从数组处理字符串的输入与输出。

【案例描述】

将整个字符串一次输入并输出。

【案例分析】

定义一个字符数组用于保存单词,输出时遇到字符串的结束符 '\0' 自动结束。

【案例代码】

```
#include<stdio.h>
#define N 6
int main()
{
    char s[N];
    printf("请输入一个长度小于%d 的字符串:",N);
    scanf("%s",s);  //输入的字符串长度应小于 N,系统自动在字符串后加 '\0'
    printf("刚才输入的字符串是:%s\n",s);
                    //输出字符串时遇到 '\0' 自动停止输出
    return 0;
}
```

【案例运行】

```
请输入一个长度小于6的字符串:HELLO
刚才输入的字符串是: HELLO
```

注意:输出字符串内容中不包含结束标志符 '\0'。

7.2.3 常用字符串处理函数

C语言编译系统提供了许多有关字符串的处理函数，使得用户可以方便地对字符串进行处理。这里介绍几个常用的字符串函数，它们是放在函数库中的，在string.h头文件中定义。程序中如果使用这些字符串函数，需要用#include命令把string.h头文件包含到本文件中来。

1. 字符串连接函数 strcat

该函数用来使两个字符串连接成为一个字符串。

格式：strcat(字符数组名1，字符数组名2)；

功能：将字符数组2的内容连接到字符数组1的后面，并在最后加一个'\0'，连接后的字符串存放在字符数组1中，因此，字符数组1应该定义得足够大，以便容纳连接后的字符串。

【案例42】 手牵手实现字符串的连接。

【案例描述】

两个字符串的连接。

【案例分析】

只要用字符串连接函数strcat就可以实现这个要求。

【案例代码】

```
#include<stdio.h>
#include<string.h>
int main()
{
    char str1[40] = "This girl is ";
    char str2[] = "very beautiful.";
    printf("两个字符串连接后的字符串是:%s",strcat(str1,str2));
    return 0;
}
```

【案例运行】

```
两个字符串连接后的字符串是: This girl is very beautiful.
```

也即 strcat(str1,str2)函数执行后,str1 字符数组中的内容为:

```
"This girl is very beautiful."
```

注意:在连接前两个字符串后面都有一个 '\0',连接时将字符数组 1 后面的 '\0' 去掉。只在新字符串后面保留一个 '\0'。

2. 字符串拷贝函数 strcpy

```
格式:strcpy(字符数组名,字符串名);
     stcpy(字符数组名 1,字符数组名 2);
```

功能:将字符串内容拷贝到字符数组中去,将第一个字符数组中的相应字符覆盖,拷贝时字符串是一个字符一个字符地拷贝,直到遇到 '\0' 字符为止,其中 '\0' 字符也拷贝了。

例如:

(1) 字符串内容拷到字符数组中

```
char s1[10];
strcpy(s1, "beautiful");
```

执行后 str1 字符数组中的内容为:"beautiful"

(2) 字符数组 2 拷到字符数组 1

```
char s1[12] = "she is very ";
char s2[] = "beautiful";
strcpy(s1,s2);
```

执行后 s1 字符数组中内容如图 7-3 所示,即 s1 数组中前 10 个字符被取代了,后面 1 个字符保持原状。此时 s1 中有两个 '\0',如果用

```
printf("拷贝后的字符串是:%s",s1);
```

输出 s1,只能输出第一个 '\0' 之前的内容,即"beautiful",后面的内容不输出。

S[0]	S[1]	S[2]	S[3]	S[4]	S[5]	S[6]	S[7]	S[8]	S[9]	S[10]	S[11]
b	e	a	u	t	i	f	u	l	\0	y	\0

图 7-3 字符数组拷贝后数组的情况

注意:不能用赋值语句将一个字符串常量或字符数组直接赋给一个字符数组。如下面两行都是不合法的:

```
str1 = {"China"};
str1 = str2;
```

而只能用 strcpy 函数处理。用赋值语句只能将一个字符赋给一个字符型变量或字符数组元素。如下面是合法的：

```
char b[6],c1,c2;
c1 = 'A';
c2 = 'B';
b[0] = 'm';b[1] = 'o';b[2] = 'r';b[3] = 'i';b[4] = 'n';b[5] = 'g';
```

3. 字符串比较函数 strcmp

```
格式:strcmp(字符串 1,字符串 2);
```

功能:将两个字符串的对应字符自左至右逐个进行比较(按 ASCII 码值大小),直到出现不同字符或遇到 '\0' 字符为止。如全部字符相同,则认为相等;若出现不相同的字符,则以第一个不相同的字符的比较结果为准。例如

"A"<"B","a">"A","the">"thab","PIG"<"dog"。

比较结果由函数值带回。

(1) 如果字符串 1“等于”字符串 2,函数值为 0。

(2) 如果字符串 1“大于”字符串 2,函数值为一正整数。

(3) 如果字符串 1“小于”字符串 2,函数值为一负整数。

【案例 43】 推选舍长。

【案例描述】

王珂同学所在宿舍要推选一个舍长,大家经过讨论,决定推选出 4 个人的姓名中最大的一个来当舍长,请编程帮他们找出最大的姓名,将其打印出来。

【案例分析】

在宿舍 4 个人的姓名中找最大的一个字符串,可以用字符串比较函数 strcmp 来实现姓名字符串的两两比较,设 name 数组用来存放每次比较后较大的那个字符串。第一次先将第一个字符串输入到 name 数组。以后再先后依次输入 3 个字符串给 names 数组,每次使 name 与 names 比较,name 当中始终是当时最大的字符串。

【案例代码】

```
#include<stdio.h>
#include<stdio.h>
#include<string.h>
int main()
{
```

```
    char names[10];
    char name[10];
    int i;
    printf("请输入宿舍第1个同学的姓名:");
    scanf("%s",name);                    //输入 name 字符串内容
    for (i=2;i<=4;i++)                   //循环3次
    {
        printf("请输入第%d个同学的姓名:",i);
        scanf("%s",names);               //输入 names 字符串内容
        if (strcmp(name,names)<0)       //若 name<names
            strcpy(name,names);          //则将大字符串 names 拷贝到 name 中
    }
    printf("宿舍4人中姓名最大的是:%s",name);//输出最大字符串的内容
    return 0;
}
```

【案例运行】

```
请输入宿舍第1个同学的姓名: ChenMeng
请输入第2个同学的姓名: ShenQian
请输入第3个同学的姓名: WangKe
请输入第4个同学的姓名: LiuYang
宿舍4人中姓名最大的是: WangKe
--------------------------------
```

注意:对两个字符串比较,不能用以下形式:

```
if(str1 == str2) printf("两个字符串相等");
```

而只能用

```
if(strcmp(str1,str2) == 0) printf("两个字符串相等");
```

4. 测字符串长度函数 strlen

格式:

```
strlen(字符串);
strlen(字符数组);
```

功能:测试字符串长度函数,其函数值为字符串中的实际长度,不包括 '\0' 在内。如:

```
char str[10] = "girl";
printf("%d",strlen(str));
printf("%d",strlen("girl"));
```

其结果都为 4。

7.3　二维数组

7.3.1　二维数组的定义和引用

1. 定义格式

```
类型标识符　数组名[常量表达式 1][常量表达式 2];
```

例如：

```
int a[3][4];
char str[2][3];
```

定义 a 为 3×4(3 行 4 列)的整型二维数组，str 为 2×3(2 行 3 列)的字符型二维数组。为了便于理解，可将二维数组视为行列式或矩阵，第一个下标为行号，第二个下标为列号，行号与列号都从 0 开始。二维数组中元素排列的顺序是：按行存放，即在内存中先顺序存放第一行的元素，再存放第二行的元素。例如，str[2][3]各元素排列的顺序是：

```
str[0][0] str[0][1] str[0][2]
str[1][0] str[1][1] str[1][2]
```

从上可看出，可以把二维数组看作是一个特殊的一维数组：它的元素又是一个一维数组，即 str 数组是含有 str[0]，str[1]这两个元素的一维数组，而 str[0]，str[1]又可看成是各含三个元素的一维数组。

上面定义的二维数组可以理解为定义了 2 个一维数组，即相当于

```
char str[0][3],str[1][3]
```

这里把 str[0]，str[1]作为一维数组名。

2. 引用格式

```
〈数组名〉[〈下标表达式 1〉][〈下标表达式 2〉]
```

如 a[2][3]。凡是对基本数据类型的变量所能进行的各种操作，也都适合于同类型的二维数组元素。例如：

```
a[2][3] = a[1][2] * 4 + a[0][2]/2;
```

注意：从键盘上为二维数组元素输入数据，一般需要使用双重循环。

例如：

```
int a[2][3],i,j;
for(i=0;i<2;i++)
{
    for(j=0;j<3;j++)
    {
        scanf("%d",&a[i][j]);
    }
}
```

7.3.2 二维数组的初始化

具体方法有下列几种：

(1) 分行给二维数组赋初值。

如：

```
int a[2][3]={{1,2,3},{4,5,6}};
```

语句中第一对花括号内的各数据依次赋给第一行中的各元素，第二对花括号内的各数据依次赋给第二行中的各元素，即依行赋值。

(2) 将所有元素的初值写在一对花括号内，按数组排列顺序对各元素赋初值。

如：

```
int a[2][3]={1,2,3,4,5,6};
```

(3) 对部分元素赋初值。

如：

```
int a[2][3]={{1},{4}};
```

它的作用是对各行第 1 列的元素赋初值，其余元素值自动取 0，赋初值后数组各元素为：

1　　0　　0

4　　0　　0

也可以对各行中的某一元素赋初值：

```
int a[2][3]={{0,1},{0,2}};
```

初始化后的数组元素为：

0　　1　　0

0　　2　　0

【案例44】 矩阵转置横竖颠倒。

【案例描述】

将一个二维数组行和列元素值互换,存到另一个二维数组中。

$$\boldsymbol{a}=\begin{bmatrix}1 & 2\\3 & 4\\5 & 6\end{bmatrix} \qquad \boldsymbol{b}=\begin{bmatrix}1 & 3 & 5\\ \\2 & 4 & 6\end{bmatrix}$$

【案例分析】

二维数组行和列元素值互换需要用到双循环,外循环控制行的变化,内循环控制列的变化。在内循环中用 b[j][i]=a[i][j],实现题目的要求。

【案例代码】

```
#include<stdio.h>
int main()
{
    int a[3][2]={1,2,3,4,5,6};
    int b[2][3];
    int i,j;
    printf("数组 a:\n");
    for(i=0;i<=2;i++)
    {
        for(j=0;j<=1;j++)
        {
            printf("%d  ",a[i][j]);
            b[j][i]=a[i][j];
        }
        printf("\n");
    }
    printf("数组 b:\n");
    for(i=0;i<=1;i++)
    {
        for(j=0;j<=2;j++)
            printf("%d  ",b[i][j]);
```

```
        printf("\n");
    }
    return 0;
}
```

【案例运行】

```
数组a:
1  2
3  4
5  6
数组b:
1  3  5
2  4  6
```

7.4 数组作为函数参数

第六章中已经介绍了可以用变量作为函数参数,此外,数组元素也可以作为函数实参,其用法与变量相同。数组名也可以作为实参和形参,传递的是整个数组。

7.4.1 数组元素作函数的参数

数组元素作函数的参数与普通变量作函数的参数本质相同。数组中元素作为函数的实参,与简单变量作为实参一样,结合的方式是单向的值传递。

【案例 45】 小组中最重体重是多少公斤?

【案例描述】

班级开展健身活动,要求每组中找出一个体重最重的学生参加减肥培训班。请问你们小组中最重体重是多少公斤?

【案例分析】

(1) 设计一个求两个数中最大值的函数 max。

(2) 在 main 函数中先输入小组中每人的体重,设第 1 人 a[0]的体重最重,然后依次和其他同学的体重相比较,每次把大者放在 a[0]中,这样当他与所有人比较完毕,a[0]中放的就是最重体重。

【案例代码】

```
#include<stdio.h>
#define N 10
float max(float x,float y)      //max函数求大值,并将值传递回主函数
{
    if(x>y) return x;
    else   return y;
}
int main()
{
    float a[]={50,61.5,70.3,73,82,49.8,81,56,67,75};
    int k;
    for(k=1;k<N;k++)
      {a[0]=max(a[0],a[k]);}      //将数组元素a[0]和a[k]作为实参
    printf("最重体重是:%f公斤",a[0]);
    return 0;
}
```

【案例运行】

```
最重体重是: 82.000000公斤
```

7.4.2 数组名作函数的参数

数组名代表数组的首地址,在数组名作为函数的参数时,形参和实参都应该是数组名。

在函数调用时,实参给形参传递的数据是实参数组的首地址,即实参数组和形参数组完全等同,是存放在同一存储空间的同一个数组,形参数组和实参数组共享存储单元。如果在函数调用过程中形参数组的内容被修改了,实际上也是修改了实参数组的内容。

【案例46】 计算一组数的平均值。

【案例描述】

班级开展学习竞赛活动,要求每个小组上报自己组的平均成绩。请问你们小组的平均成绩是多少?

【案例分析】

(1) 设计一个求 n 个数平均值的函数 average,它的形参是数组。

(2) 在 main 函数中先输入小组中每人的考试成绩放在数组 s 中,然后调用 average 函数求得平均值。

【案例代码】

```
#include<stdio.h>
#define N 10
float average(float array[N])
{
    int i;
    float aver,sum=array[0];
    for(i=1;i<N;i++)
    {
        sum=sum+array[i];
    }
    aver=sum/N;
    return (aver);
}
int main()
{
    float s[N],aver;
    int i;
    printf("请输入%d个成绩:",N);
    for(i=0;i<N;i++)
    {
        scanf("%f",&s[i]);
    }
    aver=average(s);
    printf("这个小组的平均成绩是:%5.2f分",aver);
    return 0;
}
```

【案例运行】

```
请输入10个成绩: 1 2 3 4 5 6 7 8 9 10
这个小组的平均成绩是:  5.50分
```

说明：实参数组 s 和形参数组 array 共享存储单元。在 main 函数调用 average 函数时，系统会建立一个指针变量 array(详细含义参见第八章)，用来存放 s 数组的首地址。

当 array 接受了 s 的首地址后，array 就指向了 s 数组的开头，也就是 s[0]，array[0]等于 s[0]。array + 3 指向 s[3]，array[3]的值就等于 s[3]。同样，array[i]的值等于s[i]。

显然，用数组名作函数的参数，才能真正实现两个数据的交换。

用数组名作为函数参数应注意以下几点。

(1) 数组名作函数参数时，可省略数组的长度。

(2) 形参数组可以和实参数组同名。

(3) 实参数组应足够大，即实参数组提供的内存空间应大于或等于形参数组需要的内存空间。

(4) 数组名作函数参数时，应将数组的长度也作为函数的参数，这样编写的函数具备通用性。如案例 46 中 average 函数就是如此。

7.5 【章节案例七】查查一卡通的消费记录

【案例描述】

在前面的章节中，我们编写过关于一卡通的程序，本案例中，将各功能集成在一起，实现一卡通完整功能。

【案例分析】

编写菜单函数 Menu()，显示一卡通功能菜单，用户查看菜单，输入数字选择对应功能；编写个人信息 MyInfo()函数，显示用户个人基本信息；编写充值函数 Recharge()，实现一卡通充值功能；编写显示餐厅菜单函数 view_menu()，查看菜谱菜价；编写点餐函数 Order()，实现点单功能；编写排序函数 Sort()，把上个月每天在一卡通的消费按降序排序输出。在 main 函数中调用以上函数，实现一卡通各个功能。

【案例代码】

```
#include<stdio.h>
#define N 30
float Balance=0.0;
void Menu()
{
    printf("********扬州工业职业技术学院一卡通系统********\n");
    printf("0.显示个人信息\n");
    printf("1.一卡通充值\n");
```

```
    printf("2.查看菜单\n");
    printf("3.点餐\n");
    printf("4.上个月消费额降序排列\n");
    printf("5.退出\n");
    printf("************************************************\n");
}
void MyInfo()
{
    printf("********扬州工业职业技术学院校园一卡通*********\n");
    printf("姓名:李军\n");
    printf("班级:2001 软件技术\n");
    printf("一卡通当前余额:%.2f\n\n",Balance);
}
void Recharge()
{
    float amount;
    printf("请输入要充值的金额:\n");
    scanf("%f",&amount);
    Balance += amount;
    printf("您已成功充值%.2f 元,一卡通当前余额:%.2f\n\n",amount,Balance);
}
void view_menu()
{
    printf("********************欢迎光临********************\n\n");
    printf("现推出以下单人套餐,性价比超高,欢迎选择!\n\n");
    printf("A 套餐,价格 15 元\n");
    printf("B 套餐,价格 18 元\n");
    printf("C 套餐,价格 20 元\n");
    printf("D 套餐,价格 25 元\n");
    printf("E 套餐,价格 30 元\n");
    printf("F 套餐,价格 35 元\n");
    printf("************************************************\n");
}


void Order()
{
```

```
char choose;
//printf("请先输入您的卡内余额:\n");
//scanf("%d",&balance);
printf("请输入你要点的套餐的字母,输入Q退出:");
getchar();
char choice = getchar();
float money;
if(choice == 'A')
{
    money = 15;
}
else if(choice == 'B')
{
    money = 18;
}
else if(choice == 'C')
{
    money = 20;
}
else if(choice == 'D')
{
    money = 25;
}
else if(choice == 'E')
{
    money = 30;
}
else if(choice == 'F')
{
    money = 35;
}
if(Balance-money>= 0)
{
    Balance = Balance-money;
    printf("你已经点了%c套餐,余额还剩%.2f\n",choice,Balance);
}
else
```

```
    {
        printf("卡上余额不足,不能点%c 套餐!\n",choice);
    }
}
void Sort()
{
    float a[N+1],temp;
    int i,j;
    printf("输入上个月每天的消费额:\n");
    for (i=1;i<=N;i++ )
        scanf("%f",&a[i]);
    for (i=1;i<=N-1;i++ )
    {
        for (j=1;j<=N-i;j++ )
        {
            if (a[j]<a[j+1])
            {
                temp=a[j];
                a[j]=a[j+1];
                a[j+1]=temp;
            }
        }
    }
    printf("上个月每天的消费额降序排列如下:\n");
    j=0;
    for(i=1;i<=N;i++ )
    {
        printf("%.2f   ",a[i]);
        j++ ;
        if(j%5==0)
        {
            printf("\n");
        }
    }
}
int main()
{
```

```
    int n;
    while (1)
    {
    Menu();
    printf("请输入对应功能的数字:\n");
    scanf("%d",&n);
    if(n==0)
    {
        MyInfo();
    }
    else if(n==1)
        Recharge();
    else if(n==2)
        view_menu();
    else if(n==3)
        Order();
    else if(n==4)
        Sort();
    else if(n==5)
        break;
    }
    return 0;
}
```

【案例运行】

```
**************************************************
请输入对应功能的数字：
4
输入上个月每天的消费额：
19.5 30.8 25.6 38 29.5
30.5 40.7 27.5 18 17.6
37.2 18 28.6 30.1 29
19.6 26.3 24.3 36.5 23
40.4 23 19.3 30.7 16
25.6 39.4 25 16.9 26.4
上个月每天的消费额降序排列如下：
40.70  40.40  39.40  38.00  37.20
36.50  30.80  30.70  30.50  30.10
29.50  29.00  28.60  27.50  26.40
26.30  25.60  25.60  25.00  24.30
23.00  23.00  19.60  19.50  19.30
18.00  18.00  17.60  16.90  16.00
********* 扬州工业职业技术学院一卡通系统 *********
0.显示个人信息
1.一卡通充值
2.查看菜单
3.点餐
4.上个月消费额降序排列
5.退出
**************************************************
请输入对应功能的数字：
```

7.6 习 题

1. 输入皇马足球队(11 人)每个队员的出生年份，输出最晚出生队员的出生年份。

2. M 个选手参加“我要上春晚”选拔赛，每个选手表演后由 n 个评委评分，求每个选手的平均得分。

3. 苏杰公司(10 个人)开年会，要求按年龄大小上台表演节目。输入每个员工的年龄，按年少到年长的顺序输出。

4. 输入前进舞蹈队(10 个人)每个队员的身高，问这些队员中有身高 1.78 米的吗？

5. 某次大奖赛，有七个评委打分(实数)，编写程序，对一名参赛者输入七个评委的打分分数，去掉一个最高分和一个最低分，求出平均分为该参赛者的得分。

6. 从键盘上输入有 N 个字符的字符串 s[N+1]，要求将其显示在屏幕上。

7. 输入下述 10 个国家名字的字符串：CHINA、KOREA、JAPAN、INAIA、ENGLAND、FRANCE、AMERICA、CANADA、ITALY、GERMANY，要求将排在字典最前面的国家名字打印出来。

第8章 指 针

指针是C语言中一个十分重要的概念，也是C语言的一个重要特色。指针的引入极大地丰富了C语言的功能，利用指针可以直接对内存中各种不同类型的数据进行快速访问，可以有效地表示、访问复杂的数据结构，可以方便灵活地在函数间传递数据，可以提高某些程序的执行效率，实现对底层硬件的访问。掌握指针的应用，可以使程序简洁、紧凑、高效。每一个学习和使用C语言的人，都应当熟练地学习和掌握指针。可以说，掌握了指针就是掌握了C语言的精华。

8.1 指针的基本概念

在了解指针的概念之前，我们先来看一个小故事。

话说蓉儿为了解毒丹星夜赶往药王山庄，终于到达了目的地。悄悄潜入山庄的药堂才发现，药柜有成千上万之多。解毒丹到底藏在哪个柜中呢？正在蓉儿犹豫间，耳边传来一个低低的声音：“打开5002柜！”，找到5002柜，打开一看，柜中并无药丸，只有一张纸条：解毒丹在4000柜。蓉儿眼睛一亮，迅速找到4000柜，取出贴有53号标签的红色解毒丸。

故事中共有四个数字：药柜5002和4000（地址）、柜中的数字4000和53（数据）。我们可用图8-1来描述这四个数之间的关系。

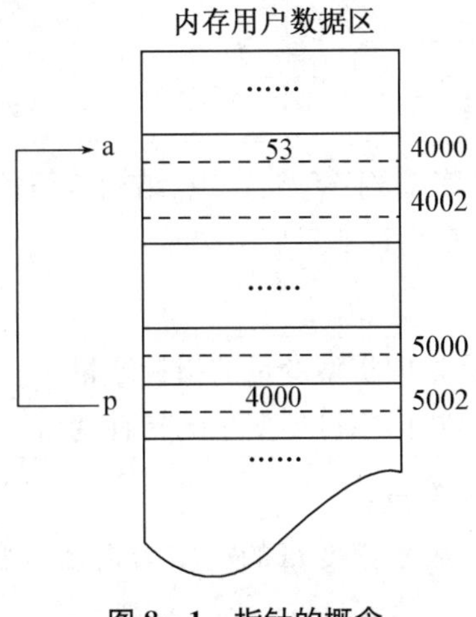

图8-1 指针的概念

下面对它们的关系进行一些简单的说明：

(1) 变量a的值为53,在内存中的地址为4000。

(2) 地址4000又由变量p所指认,p的地址是5002。

(3) 53的直接地址是4000,间接地址是5002;5002中存的是53的直接地址4000。

(4) 我们可以通过下边的语句将a的地址4000存放到变量p中：

```
p=&a;
```

C语言中,变量的地址称为变量的“指针”,例如,上述地址4000是变量a的指针。

专门用来存放其他变量地址的特殊变量称为指针变量。如上述变量p就是一个指针变量。指针变量的值(即指针变量中存放的值)是指针(地址)。

8.2 指针变量

8.2.1 指针变量的定义和初始化

1. 指针变量的定义

C语言规定所有变量在使用前必须定义,指定其类型,并按此分配内存单元。指针变量不同于其他类型的变量,它是专门用来存放地址的,必须将它定义为“指针类型”。先看一个具体的例子：

```
int i,j;
int *p1, *p2;
```

第一行定义了两个整型变量i和j,第二行定义了两个指针变量p1和p2,它们是指向整型变量的指针变量。左端的int是在定义指针变量时必须指定的“基类型”。指针变量的基类型用来指定该指针变量可以指向的变量的类型。例如,上面定义的指针变量p1和p2可以用来指向整型变量i和j,而不能指向实型变量。

定义指针变量的一般形式为

```
基类型  *指针变量名;
```

其中基类型可以是整型、实型、字符型、数组、结构体等各种数据类型。“*”为指针变量的定义符,表示定义的是一个指针变量。

下面都是合法的定义：

```
float *p3;        //p3是指向实型变量的指针变量
char *p4;         //p4是指向字符型变量的指针变量
```

在定义指针变量时应注意两点：

(1) 指针变量前面的“*”表示该变量的类型为指针型变量。指针变量名为p1、p2,而不是*p1、*p2。

(2) 在定义指针变量时必须指定基类型。

2. 指针变量的初始化

(1) 在定义的同时进行初始化。

例如：

```
int a;
int *p=&a;
```

(2) 用赋值语句进行初始化。

例如：

```
int a;
int *p;
p=&a;
```

(3) 可以用初始化了的指针变量给另一个指针变量进行初始化。

例如：

```
int x;
int *p=&x;
int * q=p;
```

注意：指针变量中只能存放地址(指针)，不能将整数(或其他非地址类型的数据)赋给指针变量；指针变量的基类型和所指向的变量类型应该相同。

```
int *p1;
p1=100;
```

是非法的，再如：

```
float x;
int *p;
p=&x;
```

也是错误的。

8.2.2 指针变量的引用

注意两个运算符：

1. 取地址运算符 &

取地址运算符 & 是单目运算符，用于变量名之前，表示该变量的存储地址。

2. 指针运算符 *

指针运算符 * 又称为间接访问运算符，是单目运算符，用来表示指针变量所指向的变量。在 * 运算符之后跟的操作对象必须是指针。

例如:&a 表示变量 a 的地址,*p 表示指针变量 p 所指向的存储单元。

【案例 47】 指针变量的引用。

【案例描述】

通过指针变量访问整型变量。

【案例分析】

设有两个整数变量 a 和 b,分别用指向整型数据的指针变量 p1 和 p2 来访问它们。

【案例代码】

```
#include<stdio.h>
int main()
{
    int a=5,b=25;
    int *p1,*p2;
    p1=&a;      //将变量 a 的地址赋给指针变量 p1
    p2=&b;      //将变量 b 的地址赋给指针变量 p2
    printf("a=%d,b=%d\n",a,b);
    printf("*p1=%d,*p2=%d\n",*p1,*p2);
}
```

【案例运行】

```
a=5,b=25
*p1=5,*p2=25
```

对程序的说明:

(1) 程序中出现了两处 *p1 和 *p2,它们之间的区别在哪儿呢?

"int *p1,*p2;"中的 *p1 和 *p2 表示定义两个指针变量 p1 和 p2,它们前面的"*"只是表示该变量是指针变量;而"printf("*p1=%d,*p2=%d\n",*p1,*p2);"处 *p1 和 *p2 中的"*"则是指针运算符,表示它们指向的变量(即 a 和 b)。

(2) 语句"p1=&a;"和"p2=&b;"是将 a 和 b 的地址分别赋给了 p1 和 p2。注意不能写成"*p1=&a;"和"*p2=&b;",因为 a 的地址是赋给指针变量 p1,而不是赋给 *p1(即 p1 所指向的变量 a)。

图 8-2 介绍了变量的指针和指针变量的关系，请认真理解其中的含义。

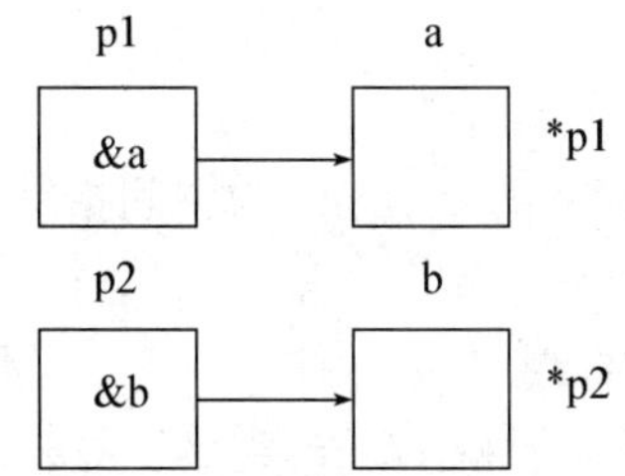

图 8-2 变量的指针和指针变量

假如已有语句

int *p1;

int a=5;

p1=&a;

请读者分析以下四种用法有哪些是正确的？它们分别代表什么含义？

(a) &*p1

(b) &*a

(c) *&p1

(d) *&a

下面举一个指针变量应用的例子。

【案例 48】 指针变量应用。

【案例描述】

从键盘输入两个整数给变量 m 与 n，不改变 m 与 n 的值，按照从小到大的顺序输出。

【案例分析】

可用交换指针的办法实现。

【案例代码】

```
#include<stdio.h>
int main()
{
    int m,n;
    int *p, *p1, *p2;
    scanf("%d,%d",&m,&n);
    p1=&m;
```

```
    p2=&n;
    if(m<n)
    {
        p=p1;p1=p2;p2=p;      //p为中间指针变量,作指针交换用
    }
    printf("m=%d,n=%d\n",m,n);
    printf("两个数中大者是:%d,小者是:%d",*p1,*p2);
}
```

【案例运行】

```
9,15
m=9,n=15
两个数中大者是: 15,小者是: 9
```

```
15,9
m=15,n=9
两个数中大者是: 15,小者是: 9
```

当输入 m=9,n=15 时,由于 m<n,将指针变量 p1 和 p2 交换,交换前后的情况分别见图 8-3(a)和(b)。

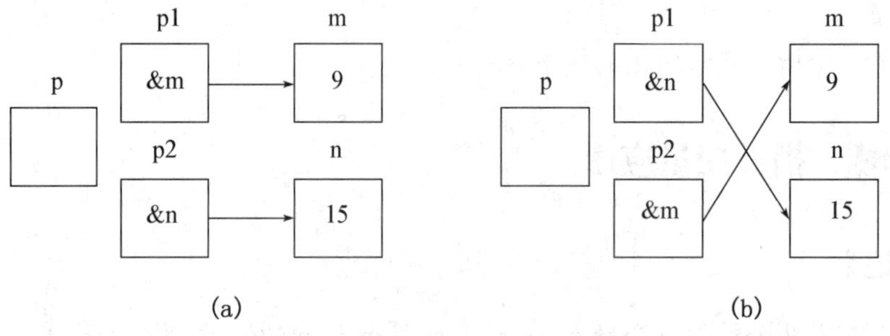

图 8-3　指针变量交换前后的情况

> **注意:**程序中 m 和 n 的值并未交换,但 p1 和 p2 的值改变了。p1 的原值为 &m,交换后变为 &n,p2 的原值为 &n,交换后为 &m。所以程序在输出 *p1 和 *p2 时,实际上是输出变量 n 和 m 的值。

这个问题的算法是不交换整型变量的值,而是交换两个指针变量的值。

考虑一下,如果将语句"{p=p1;p1=p2;p2=p;}"改为"{t=*p1;*p1=*p2;*p2=t;}"(其中 t 为整型变量),结果会如何?

8.2.3　指针变量作为函数参数

函数的参数不仅可以是整型、实型等数据,还可以是指针类型。

当指针变量作为函数参数时,函数的形参要求是可以接收地址值的指针变量,函数调用时,对应的实参可以是变量的地址或指向变量的指针变量。与其他类型的参数一样,函

数调用时实参与形参之间依然遵循值传递规则,但此时传递的内容是地址值。

下面通过一个例子来说明。

【案例 49】　指针方式实现变量值交换。

【案例描述】

利用指针变量作函数参数实现两个变量值的交换。

【案例分析】

交换整型变量的值,而两个指针变量的值不变。

【案例代码】

```
#include<stdio.h>
void swap(int *p1,int *p2)
{
    int temp;
    temp= *p1; *p1= *p2; *p2=temp;   //注意是 temp,而不是 *temp
}
int  main()
{
    int m,n, *pm, *pn;
    scanf("%d,%d",&m,&n);
    pm=&m;pn=&n;
    printf("m=%d,n=%d\n",m,n);
    swap(pm,pn);
    printf("m=%d,n=%d\n",m,n);
    return 0;
}
```

【案例运行】

```
9,15
m=9,n=15
m=15,n=9
```

```
15,9
m=15,n=9
m=9,n=15
```

在 swap 函数中,*p1 和 *p2 分别指向变量 m 和 n(实参 pm 和 pn 传递的值),故交换 *p1 和 *p2,实际上就是交换变量 m 和 n 的值。

本例的算法是交换整型变量的值,而两个指针变量的值不变。

注意:swap 函数中,用来交换的是 *p1 和 *p2,而不是 p1 和 p2。如果将 swap 函数改成以下两种形式,结果会如何,为什么?请读者自行分析。

(1) void swap(x,y)

```
int x,y;
{
    int temp;
    temp=x;x=y;y=temp;
}
```

main 函数中用 swap(m,n)调用。

(2) void swap(p1,p2)

```
int *p1, *p2;
{
    int *temp;
    temp=p1;p1=p2;p2=temp;
}
```

main 函数中用 swap(pm,pn)调用。

8.3 数组的指针

一个数组包含若干个元素,每个数组元素都在内存中占用存储单元,每个内存单元都有相应的地址。数组所占内存单元的首地址称为数组的指针,数组元素所占内存单元的首地址称为数组元素的指针。因此,可以用指针变量来指向数组或数组元素。用于存放数组的指针或某一数组元素指针的指针变量称为指向数组的指针变量。

8.3.1 指向数组元素的指针

定义一个指向数组元素的指针变量的方法,与以前介绍的指向变量的指针相同,例如:

```
int a[5];        //定义 a 为包含 5 个整型数据的数组
int *p;          //定义 p 为指向整型变量的指针变量
p=&a[0];         //将 a[0]元素的地址赋给指针变量 p
```

C 语言规定,数组名代表数组的首地址,也就是第 0 个元素的地址。因此,数组名实际上也是指针,但它是一个固定不变的指针常量。下面两个语句等价:

```
p=&a[0];
p=a;
```

注意：上述“p=a;”的作用是“把数组 a 的首地址赋给指针变量 p”，而不是“把数组 a 各元素的值赋给 p”，如图 8-4 所示。

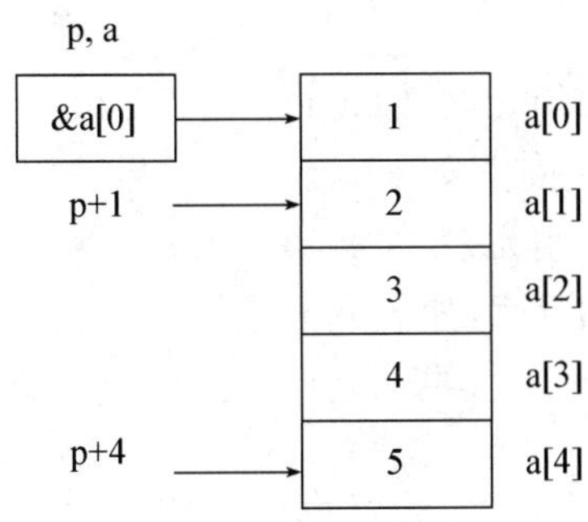

图 8-4　数组指针

在定义数组指针变量时可以赋初值：

```
int *p1=&a[0];   //定义指针变量 p1,并将 a[0]元素的地址赋给 p1
int *p2=a;       //定义指针变量 p2,并将 a 数组的首地址赋给 p2
```

8.3.2　通过指针引用数组元素

假设 p 已定义为指针变量，并给它赋以初值，使它指向某一个数组元素。如果有以下赋值语句：

```
*p=1;
```

表示 p 所指向的数组元素被赋以一个值 1。

C 语言规定，如果指针变量 p 已指向数组中的一个元素，则 p+1 表示指向同一数组中的下一个元素（而不是将 p 值简单+1）。

如果 p 的初值为&a[0]，则：

(1) p+i 和 a+i 就是元素 a[i]的地址，即指向数组 a 的第 i 个元素，如图 8-4 所示。

(2) *(p+i)和*(a+i)是 p+i 和 a+i 所指向的数组元素，即 a[i]。

(3) 指向数组的指针变量也可以带下标，如 p[i]与*(p+i)等价。

综上所述，引用数组中第 i 个元素的方法有以下 4 种方法。

(1) 通过下标方式引用数组元素，如 a[i]。

(2) 通过数组名引用数组元素，如*(a+i)。

(3) 通过指针变量引用数组元素，如*(p+i)。

(4) 指针下标法引用数组元素，如 p[i]。

【案例50】 指向数组元素的指针实现输出。

【案例描述】

用不同的方法输出数组中的元素。

【案例分析】

(1) 通过下标方式引用数组元素,如a[i]。
(2) 通过数组名引用数组元素,如*(a+i)。
(3) 通过指针变量引用数组元素,如*(p+i)。
(4) 指针下标法引用数组元素,如p[i]。

【案例代码】

```
#include<stdio.h>
int main()
{
    int a[5]={0,1,2,3,4},i, *p=a;
    for(i=0;i<5;i++)
    {
        printf("a[%d]=%d\n",i,a[i]); //通过下标方式输出数组元素
    }
    for(i=0;i<5;i++)
    {
        printf("*(a+%d)=%d\n",i,*(a+i));//通过数组名a输出数组元素
    }
    for(i=0;i<5;i++)
    {
        printf("p[%d]=%d\n",i,p[i]);     //利用下标法输出数组元素
    }
    for(i=0;i<5;i++)
    {
        printf("*(p+%d)=%d\n",i,*(p+i));//通过指针变量p输出数组元素
    }
    return 0;
}
```

【案例运行】

```
a[0]=0
a[1]=1
a[2]=2
a[3]=3
a[4]=4
*(a+0)=0
*(a+1)=1
*(a+2)=2
*(a+3)=3
*(a+4)=4
p[0]=0
p[1]=1
p[2]=2
p[3]=3
p[4]=4
*(p+0)=0
*(p+1)=1
*(p+2)=2
*(p+3)=3
*(p+4)=4
```

请读者注意程序中 printf 语句的格式。

8.3.3 指针变量的运算

指针运算是以指针变量所特有的地址值为运算量进行的运算。

由于指针变量的运算涉及变量类型和地址变化，因此比较复杂，在这儿我们仅仅介绍一些简单的运算。

1. 赋值运算(=)

指针赋值运算是将某个地址赋给指针变量。

例如：

```
int a,b;
int *p1, *p2;
p1 = &a
p2 = &b;
p2 = p1; //将 p1 的指针赋给 p2,使 p2 也指向变量 a
```

2. 指向数组指针变量的自增自减运算(++,--)

(1) 自增运算：假设 p = a(即 p 指向数组 a)

```
p++;      //使 p 指向下一个元素 a[1],再执行 *p,可取出 a[1]的值
*(p++);//等价于 *p++,先取出 *p 即 a[0]的值,再指向下一个元素 a[1]
```

```
 *(++p); //使p指向下一个元素a[1],再取出*p即a[1]的值
(*p)++ ; //使p指向的元素的值+1,即a[0]=a[0]+1,p的指针不变
```

(2) 自减运算:自减运算和自加运算非常相似,读者可自行研究。

3. 关系运算

两个指针之间的关系运算可表示它们所指向的变量的存储位置的前后关系。例如,指针p与q之间的关系比较:

p>q

当表达式成立时表示p指针所指向的变量在q指针所指向的变量之前。否则,表示p指针所指向的变量在q指针所指向的变量之后,或指向同一个变量。

将++和--运算符用于指针变量十分有效,可以使指针变量自动向后或向前移动,指向下一个或上一个数组元素,但同时也非常容易出错。因此,在用*p++形式的运算时,一定要十分小心,弄清楚先取p值,还是先使p+1。例如,想输出a数组的50个元素,可以采用以下方法:

```
p=a;
while (p<a+50)
{
    printf("%d  ", *p++);
}
```

8.4 字符串的指针

8.4.1 字符串的表示形式

前面我们讲过,可以用字符数组来处理字符串,从C语言中数组和指针的关系可知,同样可以用字符指针来处理字符串。

用字符数组存放一个字符串,然后输出该字符串。

【案例51】 字符串的表示形式。

【案例描述】

字符数组存放一个字符串,然后输出该字符串。

【案例分析】

字符数组名代表了字符数组的首地址。字符数组存放一个字符串,然后输出该字符串。

【案例代码】

```
#include<stdio.h>
int main()
{
    char str[] = "Hello,world!";
    printf("%s",str);
    return 0;
}
```

【案例运行】

```
Hello,world!
```

程序中定义了一个字符数组str,它代表了字符数组的首地址。字符数组是由若干元素组成的,每个元素中放一个字符,如str[1]指向字符“e”;字符数组只能对各个元素赋值,而不能用一个字符串给一个字符数组整体赋值。例如,以下用法是错误的。

```
char str[20];
str = "How are you. ";
```

2. 用字符指针指向一个字符串。

我们也可以不定义字符数组,而定义一个字符指针,用字符指针指向字符串的字符。

【案例52】 用字符指针指向并输出字符串。

【案例描述】

用字符指针指向一个字符串,然后输出该字符串。

【案例分析】

定义一个字符指针变量s,并把字符串首地址赋给s,用字符指针指向一个字符串。

【案例代码】

```
#include<stdio.h>
int main()
{
    char *s;
    s = "Hello,world!";    //将字符指针指向字符串
```

```
    printf("%s",s);
    return 0;
}
```

【案例运行】

```
Hello,world!
```

程序中定义了一个字符指针变量 s,并把字符串首地址赋给 s,而不是把字符串“Hello,world!”的值存放在 s 中(指针变量 s 只能存放地址)。程序中对 s 的初始化也可以写成:

```
char *s="Hello,world!";
```

8.4.2 字符串指针作函数参数

指向字符串的字符指针或字符数组名作函数参数,将字符串的首地址从一个函数传递到另外一个函数,在被调函数中改变字符串的内容,在主调函数中可以得到改变后的字符串。

【案例 53】 字符串指针作函数参数。

【案例描述】

从键盘输入一字符串,要求从该字符串中删去指定的字符。

【案例分析】

可以用两种方法来实现。

【案例代码】

方法一 字符数组作函数实参和形参

```
#include<stdio.h>
void dele(char s1[],char s2[],char c)
{
  int i=0,k=0;
  for(i=0;s1[i]!= '\0';i++ )
      if (s1[i]!=c)
          {s2[k]=s1[i];k++;} //如果字符不是指定字符,则生成 s2 的元素
s2[k]= '\0';                   //在 s2 末尾加上结束标志"\0"
}
```

```
int main()
{
    char str1[50],str2[50],ch;
    printf("Please input a string:");
    scanf("%s",str1);
    printf("Enter a char:");
    scanf("%c",&ch);
    scanf("%c",&ch);
    dele(str1,str2,ch);
    printf("Deleted string:");
    printf("%s",str2);
    return 0;
}
```

方法二 字符指针变量作函数实参和形参

```
#include<stdio.h>
void dele(char *s1,char *s2,char c)
{
 for(;*s1!='\0';s1++)
    if (*s1!=c)
        {*s2 = *s1;s2++;}
 *s2='\0';
}
int main()
{
    char str1[50],str2[50],ch,*p1,*p2;
    printf("Please input a string:\n");
    scanf("%s",str1);
    printf("Enter a char:\n");
    scanf("%c",&ch);
    p1=str1;
    p2=str2;
    dele(p1,p2,ch);
    printf("Deleted string:\n");
    printf("%s",str2);
    return 0;
}
```

【案例运行】

```
Please input a string:
hello!
Enter a char:
e
Deleted string:
hllo!
```

请思考:程序中"s1[i]!= '\0';"和" * s1!= '\0';"这两个关系表达式的含义是什么?两者有没有不同?

以上仅仅讲了其中的两种方法,实际上还可以将数组名和字符指针变量分别作为实参和形参交叉使用。这些用法变化多端,使用十分灵活,初看起来不太习惯,含义不直观,初学者会有些困难。但对C语言熟练之后,以上形式的使用还是比较多的,读者应逐渐熟悉它,掌握它。

归纳起来,作为函数参数,有表8-1所示的四种情况:

表8-1 函数参数

实 参	形 参
数组名	数组名
数组名	字符指针变量
字符指针变量	字符指针变量
字符指针变量	数组名

8.5 函数的指针

8.5.1 用函数指针变量调用函数

可以用指针变量指向整型变量、数组、字符,也可以指向一个函数。函数在编译时被分配给一个入口地址,这个入口地址就称为函数的指针。可以用一个指针变量指向函数,然后通过该指针变量调用此函数。

指向函数的指针变量的一般定义形式为:

类型标识符(* 指针变量名)(参数列表);

定义指向函数的指针变量时,除函数名用(* 指针变量名)代替外,指向函数的指针变量的定义形式与函数的声明形式相同。其中:

(1) 类型标识符表示指针变量可以指向的函数的返回值的类型;

(2) " * "表示定义的是一个指针变量。

注意:“*指针变量名”两侧的括号是必需的,表示指针变量名先与“*”结合,是一个指针变量,然后与后随的()结合,表示定义的是一个指向函数的指针变量。

例如:

```
int(*p)(int,int);      //定义函数指针变量p
```

(3) 参数列表表示函数的参数,其表示方法类似于函数的声明,可以只有参数的类型说明。如上例表示p所指向的函数有两个整型参数。

(4) 如同其他类型的指针一样,定义好一个指向函数的指针变量后,它并不是固定指向哪一个函数,而是赋给它哪个函数的地址,它就指向哪个函数。

(5) 在给函数指针变量赋值时,只需给出函数名而不必给出参数。如:

```
p=max;          //使p指向max函数
```

(6) 用函数指针变量调用函数时,只需将(*p)代替函数名即可,在(*p)之后的括号中根据需要写上实参。例如:

```
c=(*p)(a,b);
```

语句的含义是“调用p所指向的函数,实参为a、b,将得到的函数结果赋给c”。

下面用一个简单的例题来了解一下用函数指针变量调用函数的方法。

【案例54】 用函数指针变量调用函数。

【案例描述】

用函数指针变量调用函数求两个数的大者。

【案例分析】

定义指向函数的指针变量p要这样来定义:int(*p)(int,int);

【案例代码】

```
#include<stdio.h>
int main()
{
    int max(int,int);
    int(*p)(int,int);       //定义指向函数的指针变量p
    int a,b,c;
    p=max;                  //p指向max函数,注意:不能加参数
```

```
    scanf("%d,%d",&a,&b);
    c=(*p)(a,b);      //用函数指针变量调用函数 max
    printf("The max is %d\n",c);
    return 0;
}
int max(int x,int y)      //定义有参函数 max 求最大值
{
    int temp;
    temp=x>y? x:y;
    return (temp);
}
```

【案例运行】

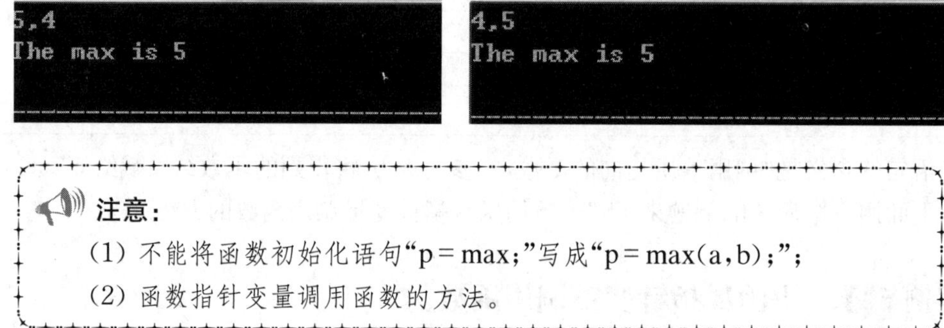

注意:

(1) 不能将函数初始化语句“p=max;”写成“p=max(a,b);”;

(2) 函数指针变量调用函数的方法。

8.5.2 用指向函数的指针作函数参数

案例54用函数指针变量调用函数的方法求最大数,将该例题与案例27进行对比可以发现,该方法并没有太大的实用性。本例题的目的仅仅是为了说明指向函数的指针的概念。

指向函数的指针的一个实际应用是将指向函数的指针作为函数的参数,这样就可以实现一个函数作为另一个函数的参数的功能。下面举例说明。

【案例55】 用指向函数的指针作函数参数。

【案例描述】

设有一个函数general,调用它时,因调用参数的不同可以实现不同的功能:求最大值和最小值以及求和。

【案例分析】

在general函数中,将指向函数的指针变量p作为形参。

【案例代码】

```
#include <stdio.h>
int max(int x,int y)       //求最大值函数 max
{return (x>y)? x:y;}
int min(int x,int y)       //求最小值函数 min
{return (x<y)? x:y;}
int add(int x,int y)       //求和函数 add
{return x+y;}
void general(int x,int y,int( *p)(int,int))  //指向函数的指针 p 作形参
{int result;
 result=( *p)(x,y);          //用函数指针变量 p 调用函数
 printf("%d\n",result);
}
int main()
{
 int a,b;
 printf("Input a and b:\n");
 scanf("%d,%d",&a,&b);
 printf("Max=");
 general(a,b,max); //将函数名 max 作为实参,传递给 general 中的 p
 printf("Min=");
 general(a,b,min); //将函数名 min 作为实参,传递给 general 中的 p
 printf("Sum=");
 general(a,b,add); //将函数名 add 作为实参,传递给 general 中的 p
 return 0;
}
```

【案例运行】

```
Input a and b:
5,9
Max=9
Min=5
Sum=14
```

```
Input a and b:
9,5
Max=9
Min=5
Sum=14
```

程序中共有四个自定义函数。在 general 函数中,将指向函数的指针变量 p 作为形参,主程序在三次调用时分别将函数名 max,min 和 add 作为实参。程序运行时将函数名

传递至形参 p 处,这样 p 就分别指向函数 max,min 和 add,而运行“(*p)(x,y)”就相当于执行了“max(x,y)”,“min(x,y)”和“add(x,y)”。

8.6 指针数组与指向指针的指针

8.6.1 指针数组

指针数组的定义形式如下:

```
类型标识符 * 数组名[整型常量表达式]
```

其中类型标识符用来指定该指针数组的元素可以指向的数据的类型。

例如:

```
int *p[4];
```

该语句定义了一个指针数组,它有 4 个元素,每个数组元素都可指向一个整型变量。

为什么要用到指针数组呢? 由于 C 语言没有字符串变量的用法,导致对若干个字符串的处理就有一定的困难。在引入指针数组的概念后,我们可以用它来指向若干个字符串(每个指针数组元素指向一个字符串),这样字符串的处理将变得非常灵活方便。

例如,某班 5 个同学的姓名的表示方法如图 8-5 所示。

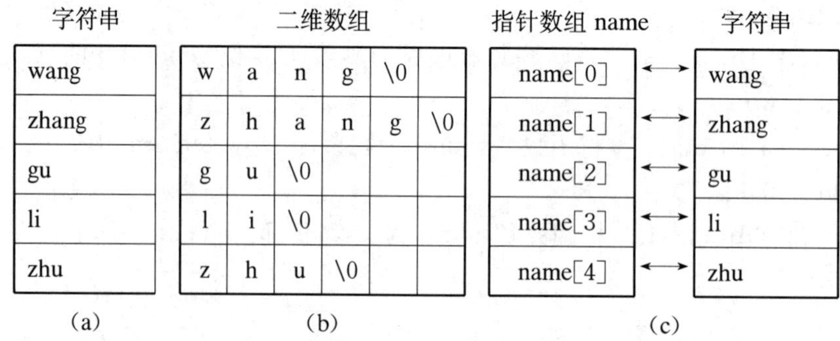

图 8-5 五位学生的姓名表示方法

解决这个问题,一般有两种办法:一是用二维数组来存放 5 个字符串,如图 8-5(b)所示;另一种方法是用一个指针数组来指向(注意是“指向”而不是存放)5 个字符串,如图 8-5(c)所示。

方法一 二维数组表示

```
char name[][6] = { "wang","zhang","gu","li","zhu"};
```

方法二 指针数组表示

```
char * name[] = {"wang","zhang","gu","li","zhu"};
```

显然,用二维数组表示时,每个字符串不论其实际长度是多少,均要占据 6 个字节,内存单元占据较多，在对该字符串进行排序等处理时，程序的执行效率较低。在此，就不再讨论用二维数组表示的方法。下面以一个案例讲解指针数组的使用方法。

【案例56】 将上述5个同学的姓名按从小到大的顺序排列。

```
#include <stdio.h>
#include <string.h>
//用选择交换法对字符串进行排序
void sort(char *name[],int n)
{
    char *temp;
    int i,j,k;
    for (i=0;i<n-1;i++)
    {
      k=i;
      for (j=i+1;j<n;j++)
        if (strcmp(name[k],name[j])>0) k=j;   //注意字符串的比较方法
      if (k!=i)
        {temp=name[i];name[i]=name[k];name[k]=temp;}   //交换指针
    }
}
//输出字符串
void print(char *name[],int n)
{
    int i;
    for (i=0;i<n;i++)
    printf("%s\n",name[i]);
}
int main()
{
    int n=5;
    char *name[]={"wang","zhang","gu","li","zhu"};
    sort(name,n);
    print(name,n);
    return 0;
}
```

【案例运行】

程序中字符串的比较方法是“strcmp(name[k],name[j])>0”,而没有写为“name[k]>name[j]”,为什么?

8.6.2 指向指针的指针

指向指针的指针是指向指针变量的指针变量的简称。

定义指向指针变量的指针变量的一般形式为:

```
类型标识符 ** 指针变量名
```

表示定义一个变量为指针变量,该指针变量只能指向类型标识符所指定类型的指针变量。

例如:

```
int **p;
```

若有语句

```
p=&i;
pp=&p;
```

则有图8-6所述的关系:

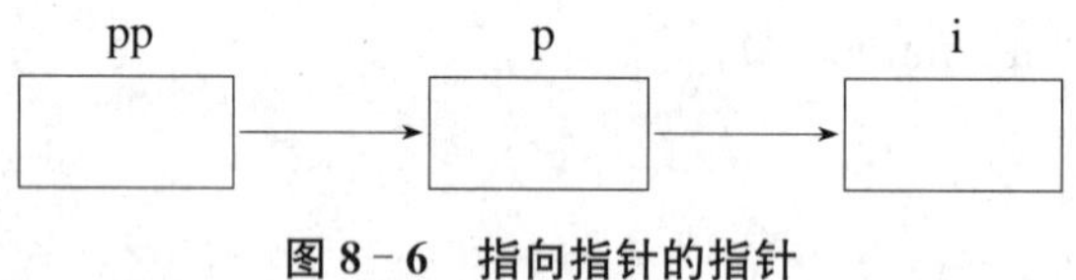

图8-6 指向指针的指针

正如指针和数组关系密切一样,指向指针的指针与指针数组关系也非常密切。

【案例57】 输出若干个字符串。

```
#include <stdio.h>
int main()
{
```

```
    char * name[]={"wang","zhang","gu","li","zhu"};
    char **p;
    int i;
    for (i=0;i<5;i++)
    {
        p=name+i;
        printf("%s\n", *p);
    }
    return 0;
}
```

【案例运行】

8.7 习 题

1. 下列代码段,哪些是正确的(　　)。

A.
```
int *p,x;
p=x;
```

B.
```
int *p,x;
x=p;
```

C.
```
int *p,x;
p=&x;
```

D.
```
int *p,x;
x=&p;
```

2. 写出程序的运行结果:

```
#include <instream.h>
void main()
```

```
{
 int a[]={1,2,-3,4};
 int m,n,*p;
 p=&a[0];
 m=*(p+2);
 n=*(p+3);
 cout<<"*p="<<*p<<",m="<<m<<",n="<<n<<endl;
}
```

3. 写出程序运行结果：

```
#include <instream.h>
void main()
{
 int a[]={1,2,3,4,5,6};
 int *p;
 p=a;
 cout<<*p<<*(++p)<<*++p<<*(p--)<<*p<<*(a+2)<<endl;
}
```

4. 写出程序运行结果：

```
#include <instream.h>
void main()
{
 char *p[4]={"China","Japan","USA","Germany"};
 char **pp;
 int i;
 pp=p;
 for (i=0;i<4;i++ ,p ++ )
    cout<<*( *pp +2) +1<<endl;
}
```

5. 输入3个整数,按由小到大的顺序输出。

6. 输入10个整数,将它们逆序输出。

7. 输入10个数,将其中最小的数与第一个数交换,将最大的数与最后一个数交换。要求写3个函数:(1) 输出10个数;(2) 进行处理;(3) 输出10个数。

8. 写一函数,求一个字符串的长度。在main函数中输入字符串,并输出其长度。

9. 在main函数中输入10个字符串,用另一函数对它们按升序进行排序,然后在main函数中输出。

10. 编写程序,输入月份号,输出该月的英文月名。如输入“3”,则输出“March”,要求用指针数组处理。

第9章 结构体与共用体

C语言提供了一些由系统已经定义好的数据类型，如：int，float，char等，用户可以在程序中用它们定义变量，解决一般的问题，但是人们要处理的问题往往比较复杂，只用系统提供的类型还不能满足应用的要求，C语言允许用户根据需要自己建立一些数据类型，用它来定义变量，例如在本章我们要讨论的结构体与共用体。

9.1 概　述

在实际生活中，有时需要将不同性质的数据构成一个整体，如通信录是由姓名、地址、电话、邮政编码等组成的；学生成绩数据库是由学号、姓名、各科成绩及总分等组成，对于这样的一些有机整体，用数组是难以描述的。因此，在C语言中提供了一种新的构造型数据类型，即结构体。结构体是由一组具有相同类型或不同类型的数据构成的集合，集合中的数据是相互联系的。例如，学生成绩数据库中学号、姓名、各科成绩及总分，这些数据项都与某个学生相联系。从表9-1可以看出描述的是学号(xh)为04253101，姓名(xm)为“李明”同学的各科成绩。如果用独立的变量xh，xm，yw，sx，yy，jsj，zf来表示，很难反映它们之间的内在联系，所以定义一个结构体类型可以增加变量之间的相关性。

表9-1　学生成绩数据库字段属性

学号(xh)	姓名(xm)	语文(yw)	数学(sx)	英语(yy)	计算机(jsj)	总分(zf)
04253101	李明	85	90	78	92	345

例如：

```
struct   student
{
     char   xh[9];    //学号，字符数组为结构体中的成员
     char   xm[20];    //姓名
     float   yw;    //语文
     float   sx;    //数学
     float   yy;    //英语
     float   jsj;    //计算机
```

```
    float  zf;  //总分
};
```

在这个结构体中struct是关键字(不可省略),student是用户定义的结构体类型名,xh,xm,yw,sx,yy,jsj,zf是结构体中包含的不同类型的数据项(成员)。所以结构体与数组类似,都是由若干分量组成的。数组是由相同类型的数组元素组成,而结构体的分量可以是不同类型的,结构体中的分量称为结构体的成员。访问数组中的分量(元素)是通过数组的下标,而访问结构体中的成员是通过成员的名字。在程序中使用结构体之前,首先要对结构体的组成进行描述,称为结构体的定义。结构体的定义说明了该结构体的组成成员,以及每个成员的数据类型。结构体定义的一般形式如下:

```
struct 结构体类型名称
{
    数据类型  成员名表列;
};
```

其中:struct为关键字(不可缺省),是结构体的标识符;结构体类型名称是所定义的结构体的类型标识,由用户自己定义(结构体类型名称也可以省略,此时为无名结构体);{ }中包围的是组成该结构体的成员项;每个成员的数据类型既可以是简单的数据类型,也可以是复杂的数据类型,还可以是已定义的结构体类型。整个定义作为一个完整的语句用分号结束。

处理通信录可以定义如下结构体:

```
struct address
{
    char name[20];  //姓名。字符数组作为结构体中的成员
    char add[30];  //家庭地址
    unsigned long phone;  //电话
    int zip;  //邮政编码
};
```

为了描述日期可以定义如下结构体:

```
struct date
{
    int year;  // 年
    int month;  // 月
    int day;  // 日
};
```

在程序中,结构体的定义可以在一个函数的内部,也可以在所有函数的外部,在函数内部定义的结构体,仅在该函数内部有效,而定义在外部的结构体,在所有函数中都可以使用。

9.2　定义结构体类型的方法

9.2.1　定义结构体类型的变量

结构体的定义只是建立了一个结构体类型，类似于一个模型，并没有定义变量，也没有具体数据，系统不会对它分配存储单元。这相当于设计好了图纸，还并未建成具体的建筑。为了能在程序中使用结构体类型的数据，应当定义结构体类型的变量，并在其中存放具体的数据，要使用该结构体就必须定义结构体类型的变量，通过结构体变量来引用结构体中的成员。

注意：要先声明结构体类型，再定义该类型变量。

定义结构体类型变量有三种方法：

1. 先声明结构体类型，再定义该类型变量

如前面已定义了结构体类型 student 后，就可以直接定义结构体 student 型的变量。

```
struct 结构体类型名称　结构体变量名；
```

如：

```
struct student stu1,stu2；//定义 stu1,stu2 均为 student 类型的变量
```

注意：这里不能省略 struct。

2. 在声明类型的同时定义变量

有时为了体现简洁的风格，也可在定义结构体的同时定义结构体变量，其形式为：

```
struct 结构体类型名称
{
    数据类型　成员名表列；
}结构体变量名表列；
```

如：

```
struct student
{
    char  xh[9]；  //学号。字符型数组为结构体中的成员
    char  xm[20]；  //姓名
    float  yw；  //语文
    float  sx；  //数学
```

```
        float   yy;    //英语
        float   jsj;   //计算机
        float   zf;    //总分
    }stu1,stu2;
```

这与前面给出的先定义结构体后定义结构体变量,在功能上完全等价。

3. 不指定类型名而直接定义结构体类型变量

一般形式为:

```
    struct
    {
        成员表列
    }变量名表列;
```

这种方法指定了一个无名的结构体类型,用此类型定义了结构体变量,并用此结构体类型去定义其他变量。

9.2.2 定义结构体数组

结构体与数组的关系有两重:其一是在结构体中使用数组类型作为结构体的一个成员(如姓名、家庭地址);其二是用结构体类型作为数组元素的基本类型构成数组,即数组中的每一个元素都是结构体类型,称为结构体数组。

一个结构体变量中只能存放一组相关的数据(如一个学生的成绩信息),而结构体数组中的每一个元素都可以存放一组相关的数据,所以用结构体数组来处理批量数据(如多个学生的成绩信息)是非常方便的。

结构体数组的定义方法和结构体变量的定义方法相同,可以先定义一个结构体,然后用该结构体类型来定义数组,也可以在定义结构体的同时定义结构体数组。

一般形式:

```
    struct 已定义的结构体名称   结构体数组名;  //先定义结构体后定义结构体数组
```

或

```
    struct 结构体类型名称
    {
        数据类型   成员名表列;
    }结构体数组名[数值常量];  //在定义结构体的同时定义结构体数组,跟定义结
                              //构体变量类似,结构体类型名称也可以省略
```

例如:

```
    struct   student
    {
```

```
    char  xh[9];
    char  xm[20];
    float  yw;
    float  sx;
    float  yy;
    float  jsj;
    float  zf;
};
struct student stu[3];  //假设有 3 个学生
```

或

```
struct  student
{
    char  xh[9];
    char  xm[20];
    float  yw;
    float  sx;
    float  yy;
    float  jsj;
    float  zf;
}stu[3];
```

这两种形式功能相同，都是定义一个含有 3 个元素的结构体数组，见表 9－2 所示。

表 9－2　结构体数组示例

	xh	xm	yw	sx	yy	jsj	zf
stu[0]	04253101	王明	85	63	82	92	322
stu[1]	04253102	张华	75	69	84	85	313
stu[2]	04253103	李涛	95	87	96	83	361

9.3　结构体变量的引用

9.3.1　结构体变量的引用

一般对结构体变量的引用都转化为对结构体中的成员的引用，由于结构中的成员都依赖于一个结构体变量，因此，使用结构体中的成员必须指出访问的结构体变量。一般引用形式为：

结构体变量名.结构成员名

例如:给 stu1 变量的各成员赋值:

```
strcopy(stu1.xh, "04253101");
strcopy(stu1.xm, "李绯");
stu1.yw = 85;
stu1.sx = 90;
stu1.yy = 78;
stu1.jsj = 92;
```

以上都是结构体中对成员变量的引用。

9.3.2 结构体数组的元素引用

数组中的每一个元素作为一个下标变量,所以可以通过结构体数组元素去访问结构体中的成员。

一般形式是:

```
结构体数组名[下标].成员名
```

例如:给 stu 数组中的第一个元素赋值:

```
strcopy(str[0].xh, "04253101");
strcopy(stu[0].xm, "李绯");
stu[0].sx = 85;
stu[0].yw = 90;
stu[0].yy = 78;
stu[0].jsj = 92;
```

同一般的数组一样,结构体数组中元素的起始下标从 0 开始,数组名称表示该结构体数组的存储首地址。结构体数组存放在一连续的内存区域中,它所占内存数目为结构体类型的大小乘以数组元素的个数。

9.4 结构体的初始化

在结构体说明的同时,可以对每个成员赋初值,称为结构体的初始化。

9.4.1 结构体变量的初始化

一般形式为:

```
struct 结构体类型名称,结构体变量 = {初始化数据表列};
```

或

```
struct 结构体类型名称
{
    数据类型   成员名表列;
}结构体变量={初始化数据表列};
```

其中"{ }"包围的初始化数据用逗号分隔。初始化数据的个数及类型应与结构体成员的个数及类型相同，它们是按成员的先后顺序一一对应赋值的。

9.4.2　结构体数组的初始化

一般形式为：

```
struct 已定义结构体名称   结构体数组名[下标]={初始化数据表};
//先定义结构体后定义数组的初始化
```

或

```
struct 结构体名称
{
    数据类型   成员表列;
}数组名[下标]={初始化数据表列};//定义结构体的同时定义结构体数组并初
                                 //始化
```

例如：

```
struct student
{
    char   xh[9];
    char   xm[20];
    float  sx;
    float  yw;
    float  yy;
    float  jsj;
    float  average;
}stu[3]={ "53101", "李绯",85,90,78,82, "53102", "王小霞", 56, 85, 45, 93,
"53103","赵辉",88,66,78,94};
```

有时数组元素的个数也可以不指定，由初始化数据的个数来确定数组的大小。

例如：

```
struct student
{
    char xh[9];
    char xm[20];
```

```
        float  sx;
        float  yw;
        float  yy;
        float  jsj;
        float  average;
    }stu[]={"53101","李绯",85,90,78,82, "53102", "王小霞", 56, 85, 45, 93};
```

在这个结构体数组中,元素的个数为2。

【案例58】 用结构体数组方式展示学生信息。

【案例描述】

利用结构体数据类型变量保存和打印学生信息。

【案例分析】

定义结构体类型变量,用来记录学生的姓名、地址、电话、邮政编码等信息,通过引用结构体成员变量的方式输出到屏幕上。

【案例代码】

```
#include <stdio.h>
struct address //将结构体定义在函数体外
{
    char name[20];  // 姓名,字符数组作为结构体中的成员
    char add[30];  //家庭地址
    unsigned long phone;  //电话
    int zip;   // 邮政编码
}stu1={"张力","北京市东城区东四北大街108号", 64666488,123456};
int main( )
{
    printf("姓名:%s\n", stu1.name);
    printf("家庭地址:%s\n", stu1.add);
    printf("电话:%ld\n", stu1.phone);
    printf("邮政编码:%d\n", stu1.zip);
    return 0;
}
```

【案例运行】

```
姓名:张力
家庭地址:北京市东城区东四北大街108号
电话:64666488
邮政编码:123456
```

9.5　共用体

9.5.1　共用体的概念

在实际应用中有时为了节省空间，需要将几种不同类型的变量存放到同一段内存中去，例如，让整型（2 个字节）、字符型（1 个字节）和实型（4 个字节）变量共用同一内存，并按最长类型分配字节空间，在某一时刻，只对其中的一个变量进行操作，这种变量间相互覆盖的技术，在 C 语言中称为“共用体”类型。

“共用体”类型的定义形式为：

```
union 共用体名称
{
    成员表列;
}变量表列;
```

例如：

```
union data
{
    int i;
    char ch;
    float f;
}a,b;
```

也可以先定义共用体类型后定义变量。

```
union data
{
    int i;
    char ch;
    float f;
};
union data a,b;
```

可以看出共用体类型与结构体类型相类似,但含义不同。

结构体中的成员各占自己的内存单元,结构体变量所占内存空间的长度是各成员所占内存的长度之和。而共用体中的成员共用相同的内存单元,共用体变量所占的内存长度是成员中类型最长的长度。如共用体变量 a,b 分别占用 4 个字节的内存空间。

9.5.2 共用体变量的引用

不能引用共用体变量本身,只能引用共用体变量中的成员,且也需先定义后引用。

共用体变量的引用一般形式为:

```
共用体变量名.成员名
```

如:a.i,a.ch,a.f,b.i,b.ch,b.f 等。

【案例 59】 共用体的使用:看我七十二变。

【案例描述】

利用共用体的特性来展示输出成员的信息。

【案例分析】

定义一个共用体结构,分析共用体结构的存储特性,通过引用共用体成员变量的方式输出信息到屏幕上。

在共用体变量 a 中,成员 i(long)、j(short)、k(char)和数组 s[4](char)共享同一内存。变量 a 的长度为 4,由最长的成员 i 所占用的内存长度决定。成员在内存中的相互关系如图 9-1 所示。图中每个单元的值是执行语句"a.i=0x12345678;"后的内存情况。

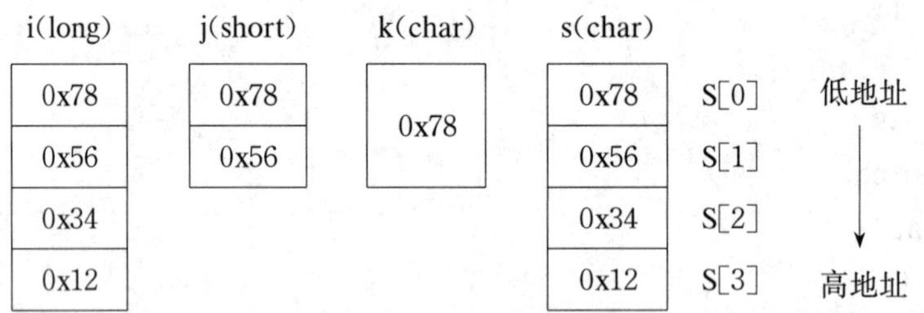

图 9-1 共用体的使用

【案例代码】

```
#include <stdio.h>
#include <string.h>
int main ( )
{
    union  data //定义共用体并说明共用体变量 a
```

```
    {
        long i；
        short int j；
        char k；
        char s[4]；
    }a；
    a.i＝0x12345678；//通过 long 型成员 i 为共用体赋初值（十六进制数）
    printf("a.i＝%x\n"，a.i)；//以十六进制输出
    printf("a.j＝%x\n"，a.j)；//以十六进制输出
    printf("a.k＝%x\n"，a.k)；//以字符形式输出
    printf("a.s[0]＝%c\t a.s[1]＝%c\n"，a.s[0]，a.s[1])；//以字符型输出
    printf("a.s[2]＝%c\t a.s[3]＝%c\n"，a.s[2]，a.s[3])；//以字符型输出
    return 0；
}
```

【案例运行】

```
a.i=12345678
a.j=5678
a.k=78
a.s[0]=x        a.s[1]=V
a.s[2]=4        a.s[3]=□
```

9.6　【章节案例九】看看谁的一卡通里面的钱多

【案例描述】

宿舍共有四个同学，编写一个 C 语言程序看看哪位同学卡里的余额最多。

【案例分析】

每个同学有学号、姓名、余额等属性，我们可以定义一个结构体类型的数组，每个数组元素用来存放每个同学的上述属性信息，然后通过排序算法直接对数组元素排序并输出。

【案例代码】

```
#include <stdio.h>
#include <string.h>
#define N  4
struct student
```

```
{
    char xh[9];//学生学号
    char xm[20];//学生姓名
    float balance;  //一卡通余额
}stu[10];
int main()
{
    int i,j;
    struct student st;//st 作中间变量用于交换
    for(i=0;i<N;i++)  //输入学生一卡通的信息
    {
        printf("请输入第%d 个学生的信息:", i+1); //从第一个学生开始
        scanf("%s%s%f", stu[i].xh, stu[i].xm, &stu[i].balance);
    }
    for(i=0;i<N;i++)//对卡内余额进行排序
        for(j=i+1;j<N;j++)
            if(stu[i].balance<stu[j].balance)
            {
                st=stu[i];//交换第 i 个和第 j 个学生的信息
                stu[i]=stu[j];
                stu[j]=st;
            }
    printf("====================================\n");
    printf("名次  学号    姓名    卡内余额\n");
    for(i=0;i<N;i++)//输出排序后的结果
        printf("%d\t%s\t%s\t%0.2f\n",i+1,stu[i].xh,stu[i].xm,stu[i].
            balance);
    return 0;
}
```

【案例运行】

```
请输入第1个学生的信息:001 赵明 352
请输入第2个学生的信息:002 马军 265
请输入第3个学生的信息:003 王华 439
请输入第4个学生的信息:004 李峰 311
====================================
名次    学号    姓名    卡内余额
1       003     王华    439.00
2       001     赵明    352.00
3       004     李峰    311.00
4       002     马军    265.00
```

9.7 习　题

1. 下面结构体的定义语句中，错误的是(　　)。

   A. struct ord {int　x;int　y;int　z;} struct ord a;

   B. struct ord {int　x;int　y;int　z;}; struct ord a;

   C. struct ord {int　x;int　y;int　z;} a;

   D. struct {int　x;int　y;int　z;}　a;

2. 设有以下程序段

```
struct person
{
    char name[10];
    char sex;
    float weight;
} zhangsan, *ptr;
ptr=&zhangsan;
```

若要从键盘读入姓名给结构体变量 zhangsan 的 name 成员，输入项错误的是(　　)。

   A. scanf("%s", (*ptr).name);

   B. scanf("%s", zhangsan.name);

   C. scanf("%s", ptr->name);

   D. scanf("%s", zhangsan->name);

3. 有以下程序

```
#include <stdio.h>
typedef struct {int b, p;} A;
void f(A c)   /* 注意:c 是结构变量名   */
{
    int j;
    c.b+=1;
    c.p+=2;
}
int main()
{
    int i;
    A  a={1,2};
    f(a);
    printf("%d,%d\n", a.b, a.p);
```

```
    return 0;
}
```

程序运行后的输出结果是(　　)。

A. 2,4

B. 1,2

C. 1,4

D. 2,3

4. 有以下程序

```
#include <stdio.h>
struct S{int n; int a[20]; };
void f(struct S *p)
{
    int i,j, t;
    for (i=0; i<p->n-1; i++)
        for (j=i+1; j<p->n; j++)
            if (p->a[i] > p->a[j])
                {t= p->a[i]; p->a[i]=p->a[j]; p->a[j]=t; }
}
int main()
{
    int i; struct S s={10, {2,3,1,6,8,7,5,4,10,9}};
    f(&s);
    for (i=0; i<s.n; i++)
        printf("%d,", s.a[i]);
    return 0;
}
```

程序运行后的输出结果是(　　)。

A. 1,2,3,4,5,6,7,8,9,10,

B. 10,9,8,7,6,5,4,3,2,1,

C. 2,3,1,6,8,7,5,4,10,9,

D. 10,9,8,7,6,1,2,3,4,5,

第10章 文件操作

我们在使用计算机的过程中，经常会使用到文件，用手机或数码相机拍照，照片也会以文件形式在磁盘中保存起来；在发送电子邮件时，会将信息以文件方式保存，作为附件发送给对方；编辑好的文本会把它存储到磁盘上以文件形式保存；编写好一个程序，会以文件形式保存在磁盘中。信息以文件的形式保存，需要时从文件读取信息，本章介绍在程序设计中如何使用文件的基础知识。

10.1 文　件

文件(file)是程序设计中一个重要的概念。所谓“文件”是指：存储在外部介质(如磁盘)上数据的集合，一批数据是以文件的形式存放在外部介质上的。在C语言中，“文件”的概念具有更广泛的意义。它将所有的外部设备都作为文件对象，这样的文件称为设备文件。对外部设备的输入输出操作就是读写设备文件的过程，对设备文件的读写与对一般磁盘文件的读写完全相同。C语言把文件看作是一个字符(字节)的序列，即由一个一个字符(字节)的数据顺序组成。根据数据的组织形式，可分为ASCII文件和二进制文件。ASCII文件又称为文本文件，每一个字节存放一个ASCII字符代码，表示一个字符。如“10000”这个字符串在ASCII文件中保存时占5个字节，依此存储1,0,0,0,0这5个数字的ASCII码。

二进制文件是把内存中的数据按在内存中的存放形式原样输出到磁盘上保存。如“10000”这个字符串在文件中只占一个整数的空间，即2个字节。比较上述两种存储方式，ASCII码形式输出与字符相对应，便于输出处理，但要占用较多的存储空间，而当进行读取操作时，要将ASCII码转换成二进制，需要花费转换时间。用二进制码形式输出数据，可以节省存储空间和转换时间，但一个字节并不对应一个字符，故不能直接输出字符形式。

一个C文件是一个字节流或二进制流，其输入输出数据流的开始和结束仅受程序控制而不受物理符号(如回车换行)的限制。换言之，C文件并不是由记录构成的，这种文件被称为流式文件。通过文件能进行大量的原始数据的输入(保存)和输出(读取)，能使数据得以永久地保存在外部介质上，成为共享数据。

10.1.1 文件类型指针

文件与程序之间的数据通信通常不是直接的，而是经过文件缓冲区。对每个存取的文件必须先打开后使用，不用时及时关闭。在C语言中，没有输入输出语句，对文件的读写都是用库函数来实现的。ANSI规定了标准输入输出函数，用它们对文件进行读写。

缓冲文件系统中，每个被使用的文件都有一个"文件指针"的结构体类型的变量，用来存放文件的有关信息(如文件的名字、文件状态及文件当前位置等)。该结构体类型是由系统定义的，取名为FILE。一个文件型指针说明如下：

```
FILE  *fp;
```

其中fp就是指向FILE类型结构变量的指针。需要访问某个文件时，可通过fp找到存放该文件信息的结构变量，再通过它找到该文件。

10.1.2 文件的打开和关闭

和其他高级语言一样，对文件读写之前应该"打开"该文件，在使用结束之后应关闭该文件。ANSI C规定了标准输入输出函数库，用fopen()函数来打开文件。fopen函数的调用方式通常为：

```
FILE  *fp;
fp=fopen(文件名,使用文件方式);
```

若正确，则返回一个指向该文件的指针。若错误，则返回错误标志NULL。

其中fp为文件类型指针，文件名是要打开的文件外部名称，使用文件方式指定了文件使用的目的，它由一些特殊符号构成，其含义见表10-1所示。

表10-1 文件的打开方式

使用文件方式	含　义
"r"(只读)	为输入打开一个文本文件
"w"(只写)	为输出打开一个文本文件
"a"(追加)	向文本文件尾增加数据
"rb"(只读)	为输入打开一个二进制文件
"wb"(只写)	为输出打开一个二进制文件
"ab"(追加)	向二进制文件尾增加数据
"r+"(读写)	为读/写打开一个已存在的文本文件
"w+"(读写)	为读/写建立一个新的文本文件
"a+"(读写)	为读/写打开一个文本文件
"rb+"(读写)	为读/写打开一个已存在的二进制文件
"wb+"(读写)	为读/写建立一个新的二进制文件
"ab+"(读写)	为读/写打开一个二进制文件

说明：

(1) 用"r"方式打开的文件只能用于向计算机输入而不能用作向该文件输出数据，而且该文件应该已经存在，并存有数据，这样程序才能从文件中读数据。不能用"r"方式打开一个并不存在的文件，否则出错。

(2) 用"w"方式打开的文件只能用于向该文件写数据(即输出文件)，而不能用来向计算机输入。如果原来不存在该文件,则在打开文件前新建立一个以指定的名字命名的文件。如果原来已存在一个以该文件名命名的文件,则在打开文件前先将该文件删去,然后重新建立一个新文件。

(3) 如果希望向文件末尾添加新的数据(不希望删除原有数据),则应该用"a"方式打开但此时应保证该文件已存在;否则将得到出错信息。打开文件时,文件读写标记移到文件末尾。

(4) 用 r+、w+、a+方式打开的文件既可以用来输入数据,也可以用来输出数据。

(5) 如果打开失败,fopen 函数将会带回一个出错信息。fopen 函数将带回一个空指针值 NULL。

(6) 在使用完一个文件后应该关闭它,以防止它再被误用。用 fclose 函数关闭文件,其调用形式为:

```
fclose(文件指针);
```

当顺利地执行了关闭操作,返回值为 0;如果返回非零值,则表示关闭时有错误。

10.2　文本文件的读写

文本文件的读取和写入也是通过标准输入输出库中提供的库函数来实现,下面先介绍几个将数据写入文本文件的常用函数。

10.2.1　向文件读写字符

1. 字符输出函数 fputc

该函数的功能是把一个字符写到磁盘文件上去。其一般形式为:

```
fputc(ch,fp);
```

其中 ch 是要输出的字符,fp 是文件指针变量。写入成功,函数返回输出的字符;否则,函数返回 EOF(-1)。当 fp 为标准输出文件 stdout 时,fputc 函数与标准设备文件函数 putchar()有完全相同的功能。

2. 字符输入函数 fgetc()

该函数的功能是从指定的文件读入一个字符,该文件必须以读或写的方式打开。其一般形式为:

```
ch=fgetc(fp);
```

其中 fp 是文件指针变量。若读入成功,函数返回读取的字符;若遇到文件结束或调用出错,则返回 EOF。当 fp 为标准输入文件 stdin 时,fgetc 函数与标准设备文件函数 getchar()有完全相同的功能。

【案例58】 向文件中写入字符。

【案例描述】

从键盘上输入自己的姓名,请逐个字符地保存到文件中。

【案例分析】

用 fopen 函数打开文件,采用"w"方式打开文本文件,系统将自动创建一个空白文件。用 fgetc 函数从键盘上逐个输入字符,用 fputc 函数将字符逐个写入到磁盘文件中。

【案例代码】

```
#include <stdio.h>
#include <stdlib.h>
int main()
{
    FILE *fp;
    char ch;
    fp=fopen("01.txt","w");
    printf("请输入一个字符串(以#结束):");
    ch=getchar( );
    while(ch!='#')
    {
        fputc(ch,fp);
        putchar(ch);
        ch=getchar();
    }
    fclose(fp);
    putchar(10);
    return 0;
}
```

【案例运行】

```
请输入一个字符串(以#结束): xiaoc#
xiaoc
```

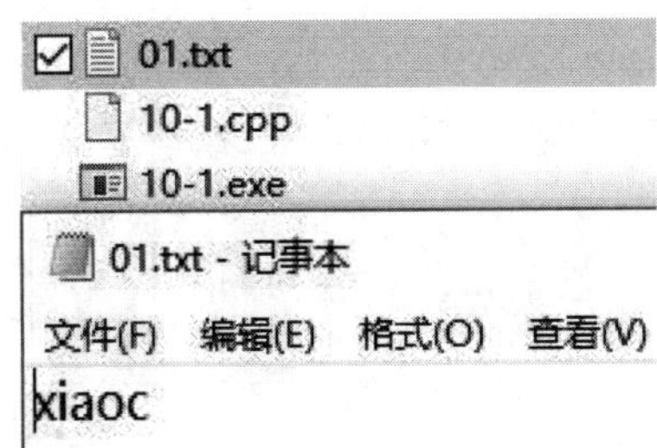

10.2.2　向文件读写字符串

本节中介绍几个从文本文件中读取数据的函数，可以看出，这些函数和上一节中介绍的写入函数都是一一对应的。

1. 字符串输出函数 fputs

从案例58可以看出，fputc 函数每次只能向文本文件输入一个字符，如果要输入字符串，则可以使用 fputs 函数，该函数的功能是向指定的文件输出一个字符串。其一般形式为：

```
fputs(str,fp);
```

其中 str 是字符数组，fp 是文件指针变量。写入成功，函数返回0，否则，返回非零值 EOF(-1)。fputs 函数在向文件输出字符串时，其末尾的 '\0' 字符会自动舍去。

2. 字符串输入函数 fgets()

该函数的功能是从指定文件中读取一字符串。其一般形式为：

```
fgets(str,n,fp);
```

从文件指针 fp 所指向的文件中读取 n-1 个字符(最后加一个 '\0' 字符)，放入数组 str 中。

【案例59】　向文件中写入字符串。

【案例描述】

王珂同学想为宿舍4位同学的昵称(《西游记》主人公的姓名)进行排序，请从键盘上输入四人的姓名，进行排序，并将结果保存在文件中。

【案例分析】

昵称用二维字符数组存放，用之前学过的冒泡排序法对数组中的4个字符串进行排序，用 fputs 函数将一个表示姓名的字符串写入到磁盘文件中。

【案例代码】

```
#include<stdio.h>
#include<string.h>
int main()
{
    FILE *fp;
    char names[4][10],name[10];
    int i,j,k,n=4;
    printf("请输入宿舍4个同学的姓名:\n");
    for(i=0;i<n;i++)
        gets(names[i]);
    for(i=0;i<n;i++)
    {
        k=i;
        for(j=i+1;j<n;j++)
        if(strcmp(names[k],names[j])>0)
            k=j;
        if(k!=i)
        {
            strcpy(name,names[i]);
            strcpy(names[i],names[k]);
            strcpy(names[k],name);
        }
    }
    fp=fopen("test.txt","w");
    for(i=0;i<n;i++)
    {
        fputs(names[i],fp);
        fputs("\n",fp);
    }
    return 0;
}
```

【案例运行】

10.2.3　格式化方式读写文件

1. 格式输出函数 fprintf

该函数的功能是将变量表列中变量的值按指定的格式输入到文件中。其一般形式为：

fprintf(文件指针,格式字符串,输出表列)；

fprintf()函数与 printf()函数具有相同功能的输出格式。

> **注意：**用 fprintf 函数自动完成将输出的数据转换成对应的 ASCII 码写入文件中，并非写数据本身。fprintf 函数主要用于将原本不是字符或字符串类型的数据自动转换为 ASCII 码写入文本文件。

2. 格式化输入函数 fscanf()

与标准设备文件的格式化输入函数 scanf()相对应，fscanf 函数的功能是从指定文件中按指定的格式读取变量，并将读取的数据保存到对应的变量中。

其一般形式为：

fscanf(文件指针,格式字符串,输出表列)；

该函数与 fprintf 函数统称为文件的格式化输入输出函数。用 fprintf 和 fscanf 函数对磁盘文件读写，使用方便，容易理解，但由于在输入时需要将 ASCII 码转换为二进制形式，在输出时又要将二进制形式转换成字符，花费时间比较多。因此，在内存与磁盘频繁交换数据的情况下，如果文件只是作为存储数据使用，并不需要人来打开查看，则最好不用 fprintf 和 fscanf 函数，而用下一节提到的二进制读写 fread 函数和 fwrite 函数。

【案例 60】　格式化方法向文件读写数据。

【案例描述】

王珂同学想把宿舍四位同学的成绩保存在文件中，请从键盘上输入四人的姓名及成绩,并将以适当的格式保存在文件中。

【案例分析】

宿舍四人的姓名是字符串,成绩是整型数据,用 fprintf 函数将表示姓名的字符串和表示成绩的整数以格式化形式写入到磁盘文件中。

【案例代码】

```
#include<stdio.h>
int main()
{
    FILE *fp;
    char name[10];
    int score;
    fp=fopen("score.txt","w");
    for(int i=1;i<=4;i++)
    {
        printf("请输入第%d个同学的姓名:",i);
        scanf("%s",name);
        printf("请输入第%d个同学的成绩:",i);
        scanf("%d",&score);
        fprintf(fp,"%s,%d",name,score);
        fputs("\n",fp);
    }
    return 0;
}
```

【案例运行】

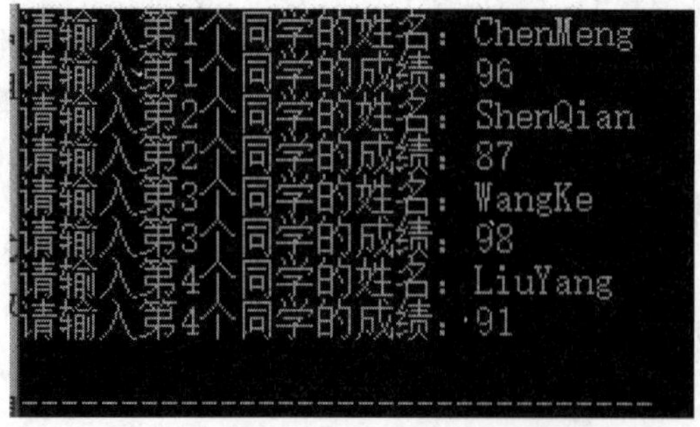

score.txt - 记事本
文件(F) 编辑(E) 格式(O) 查看(V)
ChenMeng,96
ShenQian,87
WangKe,98
LiuYang,91

10.3　二进制文件的读写

1. 数据块输入函数 fread()

该函数的功能是对 fp 所指向的文件读 count 次，每次读入 size 个字节的数据块。函数返回 count 的值。其一般形式为：

```
fread(buffer,size,count,fp);
```

2. 数据块输出函数 fwrite

该函数的功能是向指定的文件输出一个数据块。其一般形式为：

```
fwrite(buffer,size,count,fp);
```

其中 buffer 是一个指针，是要输出数据的起始地址；size 是要写入文件的字节数；count 是要写多少个字节的数据项；fp 是文件指针变量。写入成功，函数返回 count 的值。fwrite()函数常和 fread()函数配合，用于二进制文件的输入与输出。

【案例 61】　二进制文件的读写。

【案例描述】

从键盘输入宿舍四个学生基本信息数据，写入一个文件中，再读出每个学生的数据显示在屏幕上。

【案例分析】

宿舍四人的姓名是字符串，成绩是整型数据，用 fprintf 函数将表示姓名的字符串和表示成绩的整数以格式化形式写入到磁盘文件中。

【案例代码】

```
#include<stdio.h>
#include<stdlib.h>
#define N 4
struct stu{
    char name[10];  //姓名
    int num;  //学号
    int age;  //年龄
    float score;  //成绩
```

```
}boya[N], boyb[N], *pa, *pb;

int main(){
    FILE *fp;
    int i;
    pa = boya;
    pb = boyb;
    if((fp=fopen("d:\\demo.txt", "wb+")) == NULL){
        printf("Cannot open file, press any key to exit!\n");
        getch();
        exit(1);
    }
    //从键盘输入数据
    printf("请输入学生姓名、学号、年龄和成绩信息:\n");
    for(i=0; i<N; i++,pa++){
        scanf("%s %d %d %f",pa->name, &pa->num,&pa->age, &pa->
score);
    }
    //将数组 boya 的数据写入文件
    fwrite(boya, sizeof(struct stu), N, fp);
    //将文件指针重置到文件开头
    rewind(fp);
    //从文件读取数据并保存到数据 boyb
    fread(boyb, sizeof(struct stu), N, fp);
    //输出数组 boyb 中的数据
    for(i=0; i<N; i++,pb++){
        printf("%s  %d  %d  %f\n", pb->name, pb->num, pb->age,
pb->score);
    }
    fclose(fp);
    return 0;
}
```

【案例运行】

```
请输入学生姓名、学号、年龄和成绩信息:
ChenMeng 1001 19 96
ShenQian 1002 20 87
WangHao 1003 20 89
LiuYang 1004 19 91
ChenMeng  1001  19  96.000000
ShenQian  1002  20  87.000000
WangHao  1003  20  89.000000
LiuYang  1004  19  91.000000
```

10.4 【章节案例十】一卡通管理系统用户登录模块

【案例描述】

校园一卡通管理系统的用户角色分为管理员和普通用户两种身份,管理员和普通用户拥有的权限不同,所以账号和密码等登录信息存放在不同的文件中。

【案例分析】

一卡通管理系统首次启动时,需要管理员输入账号和密码,文件 flag. txt 中存放初始数据 0,当系统登录后,改写文件的数据为 1。根据 flag. txt 文件中读取的数据判断是否为初次登录,初次登录时,管理员输入账号密码,将信息保存在 u_root. txt 文件中,进入系统菜单。用户选择身份,若为普通用户登录,系统提示是否注册,注册时将用户账号和密码保存在文件 u_user. txt 中。用户登录时,若为管理员,则从 u_root. txt 文件匹配信息,信息一致则登录成功,若为普通用户,则从 u_user. txt 文件中匹配信息。

【案例代码】

```
#include<stdio.h>
#include<string.h>
struct User
{
    char account[10];
    char pwd[15];
};
int main()
{
    void c_flag();
```

```
    void init();
    void print_login_menu();
    void user_select();
    void root_login();
    void user_register();
    void user_login();
    FILE *flag, *fp2;
    char word;
    flag=fopen("./flag.txt","r");
    if(flag==NULL)
        printf("不能打开文件\n");
    word=fgetc(flag);
    //printf("%c",word);
    //init();
    if(word=='0')
    {
        printf("首次启动!\n");
        fclose(flag);
        c_flag();
        init();
        print_login_menu();
        //user_select();
    }
    else if(word=='1')
    {
        printf("欢迎回来!\n");
        print_login_menu();
        user_select();
    }
    else
    {
        printf("初始化错误!\n");
    }

    return 0;
}
void c_flag()
```

```
{
    FILE *file;
    file=fopen("./flag.txt","w");
    fputc('1',file);
    fclose(file);
}
void init()
{
    FILE *file;
    char account[10],pwd[10];
    struct User rt;
    printf("请输入管理员用户名和密码:\n");
    scanf("%s",rt.account);
    scanf("%s",rt.pwd);
    file=fopen("./u_root.txt","w");
    fprintf(file,"%s",rt.account);
    fputs("\n",file);
    fprintf(file,"%s",rt.pwd);
    fclose(file);
}
void print_login_menu()
{
    printf("-----用户选择-----\n");
    printf("1-管理员登录\n");
    printf("2-普通用户登录\n");
    printf("------------------\n");
}
void user_select()
{
    void root_login();
    void user_register();
    void user_login();
    char user_select;
    while(1)
    {
        printf("请选择用户类型:\n");
        while(1)
```

```
        {
            user_select = getchar();
            if(user_select!= '\n')
                break;
        }
        if(user_select == '1')
        {
            root_login();
            break;
        }
        else if(user_select == '2')
        {
            char ch;
            while(1)
            {
                printf("是否需要注册?(Y/N):\n");
                while(1)
                {
                    ch = getchar();
                    if(ch!= '\n')
                        break;
                }
                if(ch == 'Y')
                {
                    printf("-----用户注册-----\n");
                    user_register();
                    break;
                }
                else if(ch == 'N')
                {
                    printf("-----用户登录-----\n");
                    break;
                }
                else
                {
                    printf("1.输入有误,请重新选择\n");
                }
```

```
                }
                user_login();
                break;
            }
            else
            {
                printf("2.输入有误,请重新选择\n");
            }
        }
}
void root_login()
{
    FILE *file;
    char root_no[10];
    char root_pwd[10];
    char account[10];
    char pwd[10];
    while(1)
    {
        printf("----管理员登录----\n");
        printf("请输入账号:\n");
        scanf("%s",&root_no);
        printf("请输入密码:\n");
        scanf("%s",&root_pwd);
        file=fopen("./u_root.txt","r");
        fscanf(file,"%s",account);
        fscanf(file,"%s",pwd);
        printf("%s\n",account);
        printf("%s\n",pwd);
        if((strcmp(root_no,account)==0)&&(strcmp(root_pwd,pwd)==0))
        {
            printf("登录成功!\n");
            break;
        }
        else
        {
            printf("登录失败!\n请重新输入账号和密码:\n");
```

```
            }
            fclose(file);
        }
}
void user_register()
{
    FILE *file;
    char user_no[10];
    char user_pwd[10];
    //struct User us;
    printf("请输入账号:\n");
    //scanf("%s",us.account);
    scanf("%s",user_no);
    printf("请输入密码:\n");
    //scanf("%s",&us.pwd);
    scanf("%s",user_pwd);
    file=fopen("./u_user.txt","w");
    fprintf(file,"%s",user_no);
    fputs("\n",file);
    fprintf(file,"%s",user_pwd);
    fclose(file);
}
void user_login()
{
    FILE *file;
    char user_no[10];
    char user_pwd[10];
    char account[10];
    char pwd[10];
    while(1)
    {
        printf("--普通用户登录--\n");
        printf("请输入账号:\n");
        scanf("%s",&user_no);
        printf("请输入密码:\n");
        scanf("%s",&user_pwd);
        file=fopen("./u_user.txt","r");
```

```
            fscanf(file,"%s",account);
            fscanf(file,"%s",pwd);
            printf("%s\n",account);
            printf("%s\n",pwd);
            if((strcmp(user_no,account)==0)&&(strcmp(user_pwd,pwd)==0))
            {
                printf("登录成功!\n");
                break;
            }
            else
            {
                printf("登录失败!\n 请重新输入账号和密码:\n");
            }
            fclose(file);
        }
    }
```

【案例运行】

```
首次启动!
请输入管理员用户名和密码:
root
123
-----用户选择-----
1-管理员登陆
2-普通用户登陆
------------------
请选择用户类型:
1
----管理员登陆----
请输入账号:
root
请输入密码:
123
root
123
登陆成功!
```

```
欢迎回来!
-----用户选择-----
1-管理员登陆
2-普通用户登陆
------------------
请选择用户类型:
1
----管理员登陆----
请输入账号:
root
请输入密码:
123
root
123
登陆成功!
```

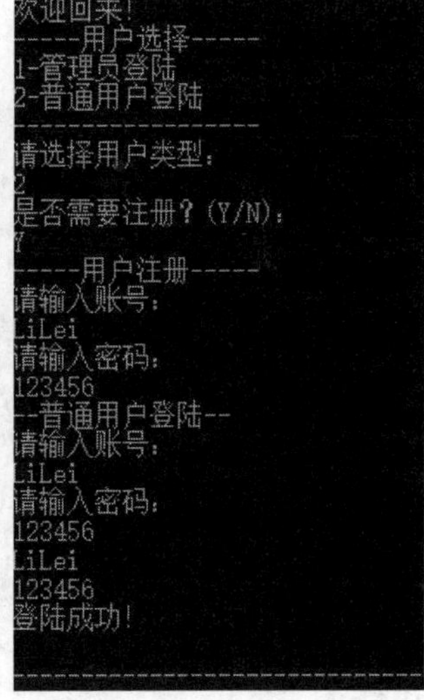

10.5 习　题

1. 请用 fprintf 函数,把 5 个字符串输出到文件中,再用 fscanf 函数从文件中读取这 5 个字符串存入字符数组中并输出到屏幕。

2. 从键盘输入一字符串，将所有的大写字母转换成小写字母，然后输出到磁盘文件中保存。

3. 从键盘输入 4 名学生的记录(学号、姓名、三门课程的成绩)，计算出总分和平均分，并将原有数据及总分和平均分存入磁盘文件中。

4. 从上题的磁盘文件中读取数据，按总分进行排序，并将排序后的数据存入一新文件中。

附录 1

常用字符与 ASCII 代码对照表

ASCII 值	控制字符	ASCII 值	控制字符	ASCII 值	控制字符	ASCII 值	控制字符
0	NUL	32	(space)	64	@	96	`
1	SOH	33	!	65	A	97	a
2	STX	34	”	66	B	98	b
3	ETX	35	#	67	C	99	c
4	EOT	36	$	68	D	100	d
5	ENQ	37	%	69	E	101	e
6	ACK	38	&	70	F	102	f
7	BEL	39	'	71	G	103	g
8	BS	40	(	72	H	104	h
9	HT	41	)	73	I	105	i
10	LF	42	*	74	J	106	j
11	VT	43	+	75	K	107	k
12	FF	44	,	76	L	108	l
13	CR	45	−	77	M	109	m
14	SO	46	.	78	N	110	n
15	SI	47	/	79	O	111	o
16	DLE	48	0	80	P	112	p
17	DCI	49	1	81	Q	113	q
18	DC2	50	2	82	R	114	r
19	DC3	51	3	83	X	115	s
20	DC4	52	4	84	T	116	t
21	NAK	53	5	85	U	117	u
22	SYN	54	6	86	V	118	v
23	ETB	55	7	87	W	119	w
24	CAN	56	8	88	X	120	x
25	EM	57	9	89	Y	121	y
26	SUB	58	:	90	Z	122	z
27	ESC	59	;	91	[	123	{
28	FS	60	<	92	\	124	|
29	GS	61	=	93	]	125	}
30	RS	62	>	94	^	126	～
31	US	63	?	95	_	127	DEL

附录2

C语言中的关键字

auto	break	case	char	const
continue	default	do	double	else
enum	extern	float	for	goto
if	int	long	register	return
short	signed	sizeof	static	struct
switch	typedef	union	unsigned	void
volatile	while			

附录3

运算符与结合性

<table>
<tr><th>优先级</th><th>运算符</th><th>含　义</th><th>要求运算
对象的个数</th><th>结合方向</th></tr>
<tr><td>1</td><td>( )
[ ]
->
·</td><td>圆括号
下标运算符
指向结构体成员运算符
结构体成员运算符</td><td></td><td>自左向右</td></tr>
<tr><td>2</td><td>!
~
++
--
-
(类型)
*
&
sizeof</td><td>逻辑非运算符
按位取反运算符
自增运算符
自减运算符
负号运算符
类型转换运算符
指针运算符
地址与运算符
长度运算符</td><td>1
(单目运算符)</td><td>自右至左</td></tr>
<tr><td>3</td><td>*
/
%</td><td>乘法运算符
除法运算符
求余运算符</td><td>2
(双目运算符)</td><td>自左至右</td></tr>
<tr><td>4</td><td>+
-</td><td>加法运算符
减法运算符</td><td>2
(双目运算符)</td><td>自左至右</td></tr>
<tr><td>5</td><td><<
>></td><td>左移运算符
右移运算符</td><td>2
(双目运算符)</td><td>自左至右</td></tr>
<tr><td>6</td><td><
<=
>
>=</td><td>关系运算符</td><td>2
(双目运算符)</td><td>自左至右</td></tr>
<tr><td>7</td><td>==
!=</td><td>等于运算符
不等于运算符</td><td>2
(双目运算符)</td><td>自左至右</td></tr>
<tr><td>8</td><td>&</td><td>按位与运算符</td><td>2
(双目运算符)</td><td>自左至右</td></tr>
<tr><td>9</td><td>∧</td><td>按位异或运算符</td><td>2
(双目运算符)</td><td>自左至右</td></tr>
<tr><td>10</td><td>|</td><td>按位或运算符</td><td>2
(双目运算符)</td><td>自左至右</td></tr>
</table>

(续表)

优先级	运算符	含　义	要求运算对象的个数	结合方向
11	&&	逻辑与运算符	2 (双目运算符)	自左至右
12	||	逻辑或运算符	2 (双目运算符)	自左至右
13	?:	条件运算符	3 (三目运算符)	自右至左
14	= += -= *= /= %= >>= <<= &= ∧= |=	赋值运算符	2	自右至左
15	,	逗号运算符(顺序求值运算符)		自左至右

说明：

(1) 同一优先级的运算符优先级别相同,运算次序由结合方向决定。例如 * 与 / 具有相同的优先级别,其结合方向为自左至右,因此 6 * 5 / 8 的运算次序是先乘后除。- 和 ++ 为同一优先级,结合方向为自右至左,因此 - i++ 相当于 - (i++)。

(2) 不同的运算符要求有不同的运算对象个数,如 + (加)和 - (减)为双目运算符,要求在运算符两侧各有一个运算对象(如 2 + 3、4 - 1 等)。而 ++ 和 - (负号)运算符是一元运算符,只能在运算符的一侧出现一个运算对象(如 - b、i++ 、--i、(int)i、sizeof(int)、* P 等)。条件运算符是 C 语言中唯一的一个三目运算符,如 x? a:b。

(3) 从上述表中可以归纳出各类运算符的优先级：

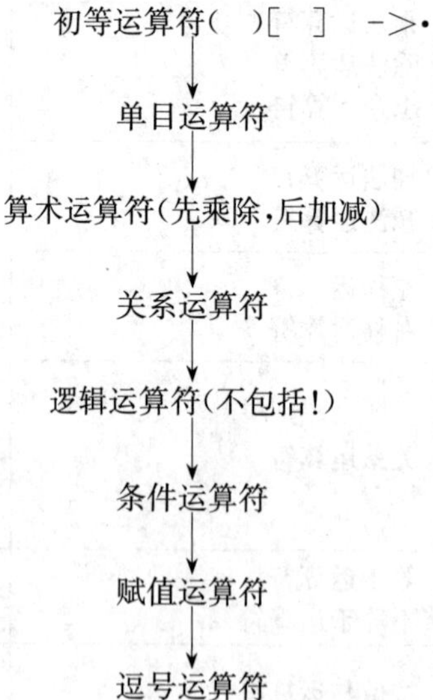

以上的优先级别由上到下递减。初等运算符优先级最高,逗号运算符优先级最低。位运算符的优先级比较分散(有的在算术运算符之前(如～),有的在关系运算符之前(如<<和>>=,有的在关系运算符之后(如&、∧、|)=。为了容易记忆,使用位运算符时可加圆括号。

附录4

C库函数

库函数并不是C语言的一部分。它是由人们根据需要编写并提供用户使用的函数。每一种C编译系统都提供了一批库函数。应当注意，每一种C版本提供的库函数的数量、函数名、函数功能是不相同的。因此，在使用时应查阅本系统是否提供所用到的函数。ANSI C以现行的各种编译系统所提供的库函数为基础，提出了一批建议使用的库函数，希望各编译系统提供这些函数，并使用统一的函数名和实现一致的函数功能。

在使用函数时，往往要用到函数执行时所需的一些信息，例如宏定义，这些信息分别包含在一些头文件(header file)中。因此，在使用库函数时，一般应该用＃include命令将相关的头文件包括到程序中。例如，用数学函数时应用下面的命令：

```
# include <math.h>
```

在下面的表中，对函数模型采取了传统风格的表示形式，即将函数形式参数单独写成一行。例如：

```
double acos(x)
double x;
```

表示函数acos用到的形式参数是double型，函数的返回值也是double型。如果用现在风格的表示形式，则为：

```
double acos (double x)
```

1. 数学函数

使用数学函数时，应该在该文件中使用如下的命令行：

```
# include <math.h>
```

函数名	函数类型和形参类型	功　能	返回值	说明
abs	int abs(x) int x	求整数x的绝对值	计算结果	
acos	double acos(x) double x;	计算arc cos(x)的值	计算结果	x应在－1～1范围内
asin	double asin(x) double x;	计算arc sin(x)的值	计算结果	x应在－1～1范围内
atan	double atan(x) double x;	计算arc tan(x)的值	计算结果	

(续表)

函数名	函数类型和形参类型	功　能	返回值	说明
atan2	double atan2(x,y) double x,y;	计算 arc tan 的值	计算结果	
cos	double cos(x) double x;	计算 cos(x)的值	计算结果	x 的单位为弧度
cosh	double cosh(x) double x;	计算 x 的双曲余弦函数 cosh(x)的值	计算结果	
exp	double exp(x) double x;	求 e^x 的值	计算结果	
fabs	double fabs(x) double x;	求 x 的绝对值	计算结果	
floor	double floor(x) double x;	求出不大于 x 的最大整数	该整数的双精度数	
fmod	double fmod(x,y) double x,y;	求整除 x/y 的余数	返回余数的双精度数	
frexp	double frexp (val,eptr) double val; int *eptr;	把双精度 val 分解为数字部分(尾数)x 和以 2 为底的指数 n,即 $val=x*2^n$,n 存放在 eptr 指向的变量中	返回数字部分 x $0.5\leqslant x\leqslant 1$	
log	double log(x) double x;	求 $\log_e x$,即 lnx	计算结果	
$\log_{10}$	double $\log_{10}$(x) double x;	求 $\log_{10} x$	计算结果	
modf	double modf(val,iptr) double val; double *iptr;	把双精度 val 分解为整数部分和小数部分,把整数部分存在 iptr 指向的单元	val 的小数部分	
pow	double pow(x,y) double x,y;	计算 x^y 的值	计算结果	
sin	double sin(x) double x;	计算 sinx 的值	计算结果	x 的单位应为弧度
sinh	double sinh(x) double x;	计算 x 的双曲正弦函数 sin(x)的值	计算结果	
sqrt	double sqrt(x) double x;	计算$\sqrt{x}$	计算结果	x 必须≥0
tan	double tan(x) double x;	计算 tan(x)的值	计算结果	x 的单位应为弧度
tanh	double tanh(x) double x;	计算 x 的双曲正切函数 tanh(x)的值	计算结果	

2. 字符型函数

ANSI C 标准要求在使用字符型函数时要包含头文件＜ctype.h＞。

函数名	函数和形参类型	功能	返回值
isalnum	int isalnum(ch) int ch;	检查 ch 是否为字母(alpha)或数字(numeric)	是字母或数字返回 1;否则返回 0
isalpha	int isalpha(ch) int ch;	检查 ch 是否为字母	是,返回 1;不是则返回 0
iscntrl	int iscntrl(ch) int ch;	检查 ch 是否为控制字符(其 ASCII 码是 0 和 0x1F 之间)	是,返回 1;不是则返回 0
isdigit	int isdigit (ch) int ch;	检查 ch 是否为数字(1~9)	是,返回 1;不是则返回 0
isgraph	int isgraph (ch) int ch;	检查 ch 是否为可打印字符(其 ASCII 码在 0x21 到 0x7E 之间),不包括空格	是,返回 1;不是则返回 0
islower	int islower (ch) int ch;	检查 ch 是否为小写字母(a~z)	是,返回 1;不是则返回 0
isprint	int isprint (ch) int ch;	检查 ch 是否为可打印字符(包括空格),其 ASCII 码在 0x21 到 0x7E 之间	是,返回 1;不是则返回 0
ispunct	int ispunct (ch) int ch;	检查 ch 是否为标点字符(不包括空格),即除字母、数字和空格以外的所有可打印字符	是,返回 1;不是则返回 0
inspace	int ispace (ch) int ch;	检查 ch 是否为空格、跳格符(制表符)或换行符	是,返回 1;不是则返回 0
isupper	int isupper (ch) int ch;	检查 ch 是否为大写字母(A~Z)	是,返回 1;不是则返回 0
isxdigit	int isxdigit (ch) int ch;	检查 ch 是否为一个十六进制数字字符(即 0~9,或 A~F,或 a~f)	是,返回 1;不是则返回 0
tolower	int tolower (ch) int ch;	将 ch 字符转换成小写字母	返回 ch 所代表的字符的小写字母
toupper	int toupper (ch) int ch;	将 ch 字符转换成大写字母	与 ch 相应的大写字母

3. 字符串函数

在使用字符串函数时要包含头文件<string. h>。

函数名	函数和形参类型	功 能	返回值
strcat	char * strcat (str1, str2) char * str1, * str2;	把字符串 str2 接到 str1 后面,str1 最后面的“\0”被取消	str1
strchr	char * strchr(str,ch) char * str;int ch;	找出 str 指向的字符串中第一次出现字符 ch 的位置	返回指向该位置的指针,如找不到返回空指针
strcmp	int * strcmp (str1, str2) char * str, * str2;	比较两个字符串 str1,str2	str1>str2,返回负数;str1 = str2,返回 0;strl<str2,返回正数

(续表)

函数名	函数和形参类型	功 能	返回值
strcpy	char * strcpy(str1, str2) char * str1, * str2;	把str2指向的字符串复制到str1中去	返回str1
strlen	unsigned * int strlen(str) char * str	统计字符串str中字符的个数(不包括终止符"\0")	返回字符个数
strstr	char * strstr(str1, str2) char * strl, * str2;	找出str2字符串在str1字符串中第一次出现的位置(不包括str2的串结束符)	返回该位置的指针,如找不到返回空指针

4. 输入输出函数

凡用到以下的输入输出函数,应该使用#include<stdio.h>把stdion.h头文件包含到源程序文件中。

说 明	函数名	函数和形参类型	功 能	返回值
clearerr	void clearerr(fp) file * fp	清除文件指针错误指示器	无	
close	int close(fp) int fp;	关闭文件	关闭成功返回0,不成功,返回-1	非ANSI标准
creat	int creat(filename, mode) char *filename; int mode;	以mode所指定的方式建立文件	成功,返回正数;否则返回-1	非ANSI标准
eof	int eof(fd) int fd;	遇文件结束,返回1;否则返回0		非ANSI标准
fclose	int feclose(fp) FILE * fp;	关闭fp所指的文件,释放文件缓冲区	有错,返回非0;否则返回0	
feof	int feof(fp) FILE * fp;	检查文件是否结束	如遇文件结束符,返回非0;否则返回0	
fgetc	int fgetc(fp) FILE * fp	从fp所指定的文件中取得下一个字符	返回所得的字符。如读入出错,返回EOF	
fgets	char * fgets(buf, n, fp) char * buf; int n; FILE * fp;	从fp指向的文件中读取一个长度为(n-1)的字符串,存入起始地址为buf的空间	返回地址buf。如遇文件结束或出错,返回NULL	
fopen	FILE * fopen (filename, mode) char * filename, * mode;	以mode指定的方式打开名为filename的文件	成功,返回一个文件指针(文件信息区的起始地址);否则返回0	
fprintf	int fprintf (fp, formart, ages …) FILE * fpchar;	把ages的值以format指定的格式输出到fp所指定的文件中	实际输出的字符数	

（续表）

说　明	函数名	函数和形参类型	功　能	返回值
fputc	int fputc(ch,fp) char * ch;FILE * fp	将字符 ch 输出到 fp 指向的文件中	返回 0。如出错,返回非 0	
fputs	int fputs(str,fp) char * str;FILE * fp;	将 str 指向的字符串输出到 fp 所指定的文件中	返回 0。如出错,返回非 0	
fread	int fread(pt,size,n,fp) char *pt;unsigned size; unsigned n;FILE * fp;	从 fp 所指定的文件中读取长度 size 的 n 个数据项,存到 pt 所指向的内存区中	返回所读的数据项个数。如遇文件结束或出错,返回 0	
fscanf	int fscanf (fp, format, args, …) FILE * fp;char format;	从 fp 所指定的文件中按 format 给定的格式将输入数据送到 args 所指向的内存单元(args 是指针中)	已输入的数据个数	
fseek	int fseek(fp,offset,base) FIFE * fp;long offset; int base;	将 fp 所指向的文件位置指针移到以 base 所指出的位置为基准,以 offset 为位移量的位置	返回当前位置;否则,返回 -1	
ftell	long ftell(fp) FILE * fp;	返回 fp 所指向的文件中的读写位置	返回 fp 所指向的文件中的读写位置	
fwrite	int fwrite(ptr,size,n,fp) char *ptr;unsigned size; unsigned n;FILE fp;	把 ptr 所指向的 n * size 个字节输出到 fp 所指向的文件中	写到 fp 文件中的数据项的个数	
getc	int getc(fp) FILE * fp;	从 fp 所指向的文件中读入一个字符	返回所读的字符。如文件结束或出错,返回 EOF	
getchar	int getchar()	从标准输入设备读取一个字符串	所读字符。如文件结束或出错,返回 -1	
gets	char * gets (str) char * str;	从标准输入设备读取一个字符串,并把它们放入 str 所指向的字符数组中	成功,返回 str 的值;否则,返回 NULL	
getw	char * getw(fp) FILE * fp;	从 fp 所指向的文件中读取下一个字(整数)	输入的整数。如文件结束或出错,返回 -1	非 ANSI 标准函数
open	int open(filename,mode) char * filename;int mde;	从 mode 指出的方式打开已存在的名为 filename 的文件	返回文件号(正数)。如打开失败,返回 -1	非 ANSI 标准函数

(续表)

说　明	函数名	函数和形参类型	功　能	返回值
printf	int printf(format, args, …) char * format;	将输出表列 args 的值输出到标准输出设备	输出字符的个数。如出错,返回负数	format 可以是一个字符串或字符数组的起始地址
putc	int putc(ch,fp) int ch;FILE * fp;	把一个字符 ch 输出到 fp 所指的文件中	输出的字符 ch。如出错,返回 EOF	
putchar	int putchar(ch) char ch;	把字符 ch 输出到标准输出设备	输出的字符 ch。如出错,返回 EOF	
puts	int puts(str) char * str;	把 str 所指向的字符串输出到标准输出设备,将"\0"转换为回车换行符	返回换行符。如失败,返回 EOF	
putw	int putw(w,fp) int w;FILE * fp	将一个整数 w(即一个字)写到 fp 所指向的文件中	返回输出的整数。如出错,返回 EOF	非 ANSI 标准函数
read	int read(fd,buf,count) int fd;char * buf; unsigned count;	从文件号 fd 所指的文件中读 count 个字节到由 buf 所指的缓冲区中	返回真正读入的字节个数。如遇文件结束,返回 0;出错,返回 -1	非 ANSI 标准函数
rename	int read(fd,buf,count) int fd; char * buf; unsigned count;	把由 oldname 所指的文件名,改为由 newname 所指的文件名	成功,返回 0;出错,返回 -1	
rewind	void rewind(fp) FILE * fp	将 fp 所指的文件中的位置指针置于文件开头位置,并清除文件结束标志和错误标志	无	
scanf	int scanf(format, args, …) char * format;	从标准输入设备按 format 指向的格式字符串规定的格式,输入数据给 args 所指向的单元	读入并赋给 args 的数据个数。如遇文件结束,返回 EOF;出错,返回 0	args 为指针
write	int write(fd,buf,count) int fd; char * buf; unsigned count;	从 buf 所指的缓冲区输出 count 个字符到 fd 所标志的文件中	返回实际输出的字节数。如出错,返回 -1	非 ANSI 标准函数

5. 动态存储分配函数

ASNI 标准建议设 4 个有关动态存储分配的函数,即 call(c)、malloc()、free()、realloc()。实际上,许多 C 编译系统实现时,往往增加了一些其他函数。ASNI 标准建议在＜stdlib. h＞头文件中包含有关的信息，但许多C编译系统要求用＜malloc. h＞而不是＜stdlib. h＞，读者在使用时应查阅有关手册。

ASNI标准要求动态分配系统返回void指针。void指针具有一般性，它不规定指向任何具体类型的数据，但目前有的C编译系统所提供的这类函数返回char指针。无论以上两种情况的哪一种，都需要用强制类型转换的方法把void或char指针转换成所需要的类型。

函数名	函数和形参类型	功 能	返回值
calloc	void(或 char) * calloc(n. size) unsigned n; unsigned size;	分配n个数据项的内存连续空间，每个数据项的大小为size	分配内存单元的起始地址。如不成功，返回0
free	void free(p) void(或 char) *p;	释放p所指的内存区	无
malloc	void(或 char) * malloc(size) unsigned size;	分配size字节的存储区	所分配的内存区地址。如内存不够，返回0
realloc	void(或 char) * realloc(p. size) void(或 char) *p;unsigned size;	将p所指的已分配内存区的大小改为size。size可以比原来分配的空间大或小	返回指向该内存区的指针

参考文献

1. 谭浩强.C 程序设计.北京:清华大学出版社,2017.
2. BrianW. Kernighan,Dennis M. Ritchie.C 程序设计语言.徐宝文,李志译.北京:机械工业出版社,2019.
3. 陈帅华,韩亚军,张建平.C 语言设计项目化教程.上海:复旦大学出版社,2020.
4. 周雅静,钱冬云,邢小英,徐济惠.C 语言程序设计项目化教程(第 2 版).北京:电子工业出版社,2019.
5. 徐舒,周建国. C 语言项目化教程.北京:清华大学出版社,2022.
6. 范爱华,王超.C 语言程序设计.南京:南京大学出版社,2016.